W0269837

MikroComputer–Praxis

Die Teubner Buch- und Diskettenreihe für
Schule, Ausbildung, Beruf, Freizeit, Hobby

Danckwerts/Vogel/Bovermann: **Elementare Methoden der Kombinatorik**
Abzählen — Aufzählen — Optimieren — mit Programmbeispielen in ELAN
In Vorbereitung

Duenbostl/Oudin: **BASIC-Physikprogramme**
152 Seiten. DM 23,80

Duenbostl/Oudin/Baschy: **BASIC-Physikprogramme 2**
176 Seiten. DM 24,80

Erbs: **33 Spiele mit PASCAL**
. . . und wie man sie (auch in BASIC) programmiert
326 Seiten. DM 32,—

Erbs/Stolz: **Einführung in die Programmierung mit PASCAL**
2. Aufl. 240 Seiten. DM 24,80

Grabowski: **Computer-Grafik mit dem Mikrocomputer**
In Vorbereitung

Haase/Stucky/Wegner: **Datenverarbeitung heute**
mit Einführung in BASIC
2. Aufl. 284 Seiten. DM 23,80

Hainer: **Numerik mit BASIC-Tischrechnern**
251 Seiten. DM 26,80

Hoppe/Löthe: **Problemlösen und Programmieren mit LOGO**
Ausgewählte Beispiele aus Mathematik und Informatik
168 Seiten. DM 21,80

Klingen/Liedtke: **ELAN in 100 Beispielen**
In Vorbereitung

Klingen/Liedtke: **Programmieren mit ELAN**
207 Seiten. DM 23,80

Koschwitz/Wedekind: **BASIC-Biologieprogramme**
In Vorbereitung

Lehmann: **Lineare Algebra mit dem Computer**
285 Seiten. DM 23,80

Lehmann: **Projektarbeit im Informatikunterricht**
Entwicklung von Softwareprodukten und Realisierung in PASCAL
In Vorbereitung

Löthe/Quehl: **Systematisches Arbeiten mit BASIC**
2. Aufl. 188 Seiten. DM 21,80

Lorbeer/Werner: **Wie funktionieren Roboter**
In Vorbereitung

Menzel: **Dateiverarbeitung mit BASIC**
237 Seiten. DM 28,80

Fortsetzung auf der 3. Umschlagseite

MikroComputer-Praxis

Herausgegeben von
Dr. L. Klingen, Bonn, Prof. Dr. K. Menzel, Schwäbisch Gmünd
und Prof. Dr. W. Stucky, Karlsruhe

BASIC-Physikprogramme 2

Von Prof. Mag. Theodor Duenbostl, Wien
Prof. Mag. Theresia Oudin, Wien
und Leo Baschy, Wien

 Springer Fachmedien Wiesbaden GmbH

ZUR ENTSTEHUNG DIESES BUCHES HABEN BEIGETRAGEN:

* Universitätsprofessor Dr. Roman U. Sexl durch Vorträge und Seminare, durch die wir wertvolle Anregungen zum Einsatz eines Computers im Rahmen der Schulphysik erhalten haben.

* Prof. Dr. Anton Schmid durch Diskussionen und Anregungen zu diversen Programmen sowie die Manuskriptdurchsicht.

* Prof. Dr. Franz Bader, Ludwigsburg, der uns als Teilnehmer der Sommerhochschule Reifnitz 1983 Programme aus der Praxis gezeigt hat und von dem auch die Grundidee der Programme zum Franck-Hertz-Versuch stammt.

* Dr. Norbert Treitz, Duisburg, der als Teilnehmer der Sommerhochschule Klagenfurt 1982 und Reifnitz 1983 sowie als Autor in der Zeitschrift "Naturwissenschaften im Unterricht" zahlreiche Anregungen vermitteln konnte.

* Theodor Hochbaum von der Firma Commodore Büromaschinen GMBH Wien durch die Bereitstellung eines Computers Commodore SX 64 und eines Druckers MPS 801.

* Ing. Peter Stiassny von der Firma PRINT-TECHNIK Wien indem er uns das komfortable Textverarbeitungsprogramm "Vizawrite 64" zur Verfügung gestellt hat, mit dem die gesamte Druckvorlage mit Ausnahme der Programmlistings erstellt wurde.

Herzlichen Dank allen Beteiligten.

Die Autoren

CIP-Kurztitelaufnahme der Deutschen Bibliothek

Duenbostl, Theodor
BASIC-Physikprogramme 2 / von Theodor Duenbostl;
Theresia Oudin; Leo Baschy. —
Stuttgart : Teubner 1984.
   (MikroComputer-Praxis)
   1 verf. von Theodor Duenbostl u. Theresia Oudin

NE: Oudin, Theresia:; Baschy, Leo:
2 (1984).
   ISBN 978-3-519-02520-7   ISBN 978-3-322-94673-7 (eBook)
   DOI 10.1007/978-3-322-94673-7

VORWORT

In diesem Buch, das eine Fortsetzung des 1. Bandes BASIC-Physikprogramme darstellt, werden anspruchsvollere Themen aus der Physik behandelt. Es wendet sich nicht nur an Schüler, Studenten und Lehrer, die sich mit Physik beschäftigen, sondern kann auch dem interessierten Benützer eines Mikrocomputers Möglichkeiten aufzeigen, wie man den Computer in der Physik sinnvoll einsetzen kann bzw. vielleicht die eine oder andere Anregung zur eigenen Programmerstellung geben. Dem Lehrer sollen die Programme Hilfe und Anregung zur Unterrichtsgestaltung bieten. Um die mühevolle Eingabe der Programme zu ersparen, sind sämtliche Programme auf einer Diskette erhältlich.
Die Themenkreise sind bewußt aus ganz verschiedenen Bereichen der Physik ausgewählt. Die einzelnen Programme sollen auch unterschiedlichen Zielsetzungen dienen.

Mit Hilfe eines grafikfähigen Computers mit hochauflösendem und farbigem Bildschirm lassen sich Rechenergebnisse so aufbereiten, daß bunte eindrucksvolle Schaubilder an die Stelle von Tabellen und Zahlenkolonnen treten. Besonders zu begrüßen ist in diesem Zusammenhang der Einsatz eines Farb-Plotters, der das Schaubild auch nach Abschalten des Computers verfügbar macht. Zumindest die Anfertigung einer Hardcopy vom Bildschirm als Dokument wäre wünschenswert. In diesem Band ist nur bei einem Programm (15.) der Plotter eingesetzt, der 1. Band enthält jedoch eine Reihe von Programmen, die für einen Vierfarben-Plotter geschrieben wurden. Außerdem lassen sich die meisten Programme entsprechend abändern. Plotter - Ausdrucke sind besonders bei Schülern sehr beliebt, weil sie auf Grund ihrer Größe leicht in das entsprechende Schulheft eingeklebt werden können und so die Möglichkeit bieten, auch im Nachhinein noch über ein Thema nachzudenken und dadurch sicher zur Vertiefung von Wissen beitragen.
Ein weiterer ganz wichtiger Aspekt ist die Verwendung der physikalischen Grundgesetze selbst für kompliziertere Vorgänge. So kann man z. B. den Schwingungsverlauf eines Pendels aus dem Gesetz Kraft = Masse mal Beschleunigung herleiten ohne den sonst üblichen Ansatz mit einer Sinusfunktion zu verwenden. Zur Behandlung der gedämpften Schwingung - sonst ein eher schwierig zu behandelndes Kapitel - ist dann nur eine geringfügige Änderung des Kraftgesetzes erforderlich. Ebenso ist die Miteinbeziehung des Luftwiderstandes in den Bewegungsablauf etwa eines Fallschirmspringers einfach und leicht durchschaubar. Das Verständnis für Zusammenhänge und Gesetzmäßigkeiten in der Physik wird dadurch wesentlich erhöht.
Manche Programme sollen durch Simulation ein Experiment erklären bzw. dieses ersetzen, wo seine Durchführung nicht möglich ist (etwa die Bewegung schneller Elektronen). Keinesfalls sollen jedoch Experimente durch den Einsatz des Computers verdrängt werden!

Die grafische und akustische Aufbereitung der Programme ist mit Absicht an die der Spielprogramme angelehnt. Sie zielen ja auf Erhöhung der Aufmerksamkeit bzw. Einprägung gewisser Situationen, wie dies auch bei einem Physikprogramm bewirkt werden kann und soll. Auf spielerische Art und Weise läßt sich oft mehr Wissen vermitteln als in einem Theoriekurs. Wer an diesen Effekten keinen Gefallen findet, kann sie ja weglassen.

Die Programme sind alle ausführlich erklärt. Nach der Problemstellung und Erklärung des physikalischen Sachverhaltes gibt es zu jedem Programm eine ausführliche Programmbeschreibung mit programmtechnischen Hinweisen und eine Liste der verwendeten Variablen.

Die vorliegenden Programme sind für den Commodore 64 geschrieben, lassen sich jedoch ohne Schwierigkeiten auch für andere Systeme umschreiben. Für die Grafik wurde das Programm SIMON'S BASIC verwendet. Die physikalische Gesetzmäßigkeit, die den Programmen zugrundeliegt, ist speziell hervorgehoben. Programmteile mit Grafikbefehlen sind meist als Unterprogramme geschrieben, sodaß im wesentlichen dort die nötigen Anpassungen an andere Systeme vorzunehmen sein sollten. Die Möglichkeiten der strukturierten Programmierung mit Hilfe des Programms SIMON'S BASIC wurden mit Absicht nicht genützt. Die in einigen Programmen verwendeten Sprites sind natürlich nicht unbedingt erforderlich, sollen jedoch das Programm etwas auflockern.
Die im Programmlisting aufscheinenden REM – Zeilen sind absichtlich etwas aufwendiger gestaltet, um das Programm übersichtlicher zu machen.
Zur Schreibweise im Text – Teil ist zu bemerken, daß sie nicht einheitlich gestaltet ist. Teilweise wurden schon bei der Darstellung der physikalischen Grundlagen die bei den Programmen gewählten Bezeichnungen für die Variablen verwendet, teilweise wurden die sonst in der Physik üblichen Bezeichnungen bevorzugt. Auch bei der Division bzw. Multiplikation konnte keine strenge Trennung von Programmschreibweise und üblicher Schreibweise erreicht werden. Ebenso wurde vorallem bei der Darstellung von Zahlen in wissenschaftlischer Schreibweise wie üblich das Komma an stelle des Dezimalpunktes verwendet. Im Vordergrund stand immer die Verständlichkeit und der Zusammenhang mit dem nachfolgenden Programm.

Die verschiedenen Programme sollen möglichst viele Arten der Aufbereitung eines physikalischen Themas zeigen, weshalb sie nicht nach einer einheitlichen Linie erstellt sind. Manche Programme sind sicherlich auch nur Anregungen und erheben in keiner Weise Anspruch auf Vollständigkeit.

INHALTSVERZEICHNIS

ALLGEMEINE PROGRAMMHINWEISE

Grundprinzip bei der Programmerstellung war möglichst große Verständlichkeit und Durchschaubarkeit, was mitunter auf Kosten eleganter Programmierung geht. Zur Zahl der verwendeten Variablen ist zu bemerken, daß natürlich manchmal auch mit weniger Variablen das Auslangen zu finden wäre. Es wurde jedoch versucht, gleichzeitig etwas Rücksicht auf sonst in der Physik übliche Bezeichnungen zu nehmen und manchmal auch Größen festzuhalten, die nicht unmittelbar weiter verwendet werden. Es soll ein Kompromiß zwischen Übersichtlichkeit und Verständlichkeit einerseits und sparsamer Speicherverwendung andererseits sein. Wo dieselbe Variable für ganz unterschiedliche Größen verwendet wird, ist sie auch in der Liste der Variablen mehrfach angeführt.
In einigen Programmen wird das Hilfsprogramm GDUMP verwendet. Dieses ermöglicht ein Abspeichern und späteres Wiedersichtbarmachen des Bildschirminhaltes. Dieses ist ein Maschinenprogramm, das von BASIC aus mit Hilfe von POKE – Befehlen geladen wird. GDUMP muß natürlich zunächst einmal eingeladen werden, woran auf dem Bildschirm erinnert wird. Wenn GDUMP schon im Computer gespeichert ist, entfällt die entsprechende Anzeige auf dem Bildschirm..Die Fallunterscheidung erfolgt nach dem Inhalt der ersten Speicheradresse von GDUMP.
Akustische Signale werden als Untermalung etwa eines Bewegungsablaufes eingesetzt, als Hinweis auf eine mögliche Programmsteuerung oder aber am Ende des Programms als Ergänzung des Ergebnisses.

Bei den Eingaben stehen jeweils Default – Werte, die ein rasches Durchspielen des Programms ermöglichen aber auch Hinweise auf die Größenordnung der gewünschten Daten geben. Selbstverständlich sind beliebige andere Eingaben möglich, die man durch Überschreiben vornehmen kann. Anschließend an den Default – Wert finden sich Steuerzeichen, die das Blinken des Cursors an der richtigen Stelle und damit die gewünschte Eingabe ermöglichen. Die Programme sind vor unsinnigen Eingaben nicht völlig geschützt, da viele zusätzliche Zeilen, die nur sinnlose Eingaben verhindern sollen, die Programme unübersichtlich machen würden. Für Grenzfälle müßte man gegebenenfalls die Programme etwas abändern. Oberstes Gebot war bei allen Programmen, physikalische Sachverhalte besser verständlich zu machen. Daher enthalten manche Programme auch Schaltskizzen und Skizzen der Versuchsanordnung.
Die Grafik auf dem Bildschirm kann entweder einfarbig mit einer Auflösung von 320x200 Bildpunkten oder mehrfarbig mit einer Auflösung von 160x200 Punkten gestaltet werden.

Wo dies erforderlich schien, wurde im Halbschrittverfahren gerechnet. Beim Programm LORENTZ – KRAFT beispielsweise zeigt sich die Notwendigkeit eines geeigneten Rechenverfahrens, weil sonst der durch die Rechnergenauigkeit verursachte Fehler einen Widerspruch zu der physikalischen Gesetzmäßigkeit zeigt. Beim Halbschrittverfahren wird z.B. bei der Betrachtung eines Bewegungsablaufes die Geschwindigkeit zur Hälfte des Zeitintervalls berechnet und mit dieser Geschwindigkeit der zurückgelegte Weg ermittelt. Eine Steigerung der Genauigkeit erzielt man mit dem doppelten Halbschrittverfahren, wo in einem Zeitintervall sogar viermal die Geschwindigkeit berechnet wird, die wiederum die Beschleunigung beeinflußt.

Bei den meisten Programmen sind etwa zur Betrachtung der Grafik Pausen eingefügt (PAUSE 1000). Diese können durch Betätigung der RETURN – Taste abgebrochen werden, worauf auf dem Bildschirm hingewiesen wird.

GDUMP - ERWEITERUNG ZU SIMON'S BASIC

Dieses Programm von Gert Büttgenbach wurde in der Zeitschrift "Computer persönlich" Ausgabe 3 vom 25. 1. 1984 veröffentlicht. Es stellt gerade für Physikprogramme eine Bereicherung dar, wenn es etwa darum geht, Diagramme zu vergleichen.
In SIMON'S BASIC ist ein Abspeichern der hochauflösenden Grafik nicht möglich. Der Bildinhalt muß zunächst in einen anderen Speicherbereich verschoben werden, um dann gespeichert werden zu können. Ebenso läßt sich ein abgespeichertes Bild wieder sichtbar machen. Der programmierbare Speicherbereich wird durch das Hilfsprogramm auf ca. 14 KByte eingeschränkt und der Bereich oberhalb $4000 bis $7FFF vor Überschreiben durch Basic geschützt. In diesem Bereich haben zwei Bildinhalte Raum zum Abspeichern, sodaß man im Programm zwischen zwei Bildern in hochauflösender Grafik rasch hin- und herblättern kann.
Nach dem Laden von GDUMP und dem Befehl RUN meldet sich SIMON'S BASIC mit eingeschränktem Speicherbereich.

Aufruf der Funktionen:
SYS 828 .... Verschieben der Grafik nach A ($4000-$5FFF)
SYS 831 .... Verschieben der Grafik nach B ($6000-$7FFF)
SYS 834 .... Holen der Grafik aus A
SYS 837 .... Holen der Grafik aus B
SYS 840,"Name",8 ... Schreiben des Bildes in A auf Diskette
SYS 843,"Name",8 ... Schreiben des Bildes in B auf Diskette
SYS 849,"Name",8 ... Laden von Diskette

Das Programm ist ein Maschinenprogramm, das von Basic aus geladen wird.

```
5 REM *** GRAFIK - DUMP ***
10 X=0
20 FOR I=828 TO 1023
30 READ A:POKE I,A:X=X+A
40 NEXT
50 :
60 IF X=22963 THEN SYS 1015
70 PRINT"CHECKSUM ERROR"
80 NEW
90 :
100 DATA 76,84,3,76,89,3,76,148,3
110 DATA 76,153,3,76,183,3,76,193
120 DATA 3,76,203,3,76,232,3,169
130 DATA 64,76,91,3,169,96,160,224
140 DATA 32,133,3,32,117,3,177,98
150 DATA 145,100,200,208,249,230
160 DATA 99,230,101,202,208,242,32
170 DATA 125,3,96,120,165,1,41,253
180 DATA 133,1,96,165,1,9,2,133,1
190 DATA 88,96,133,101,132,99,169
200 DATA 0,133,98,133,100,162,32
210 DATA 160,0,96,160,64,76,155,3
220 DATA 160,96,169,224,32,133,3
230 DATA 32,117,3,177,98,17,100,145
240 DATA 100,200,208,247,230,99,230
250 DATA 101,202,208,240,32,125,3
260 DATA 96,32,219,3,160,95,169,64
270 DATA 76,210,3,32,219,3,160,127
280 DATA 169,96,76,210,3,32,219,3
290 DATA 160,207,169,204,133,254
300 DATA 169,253,133,185,76,216,255
310 DATA 32,253,174,32,212,225,162
320 DATA 255,169,0,133,253,96,32
330 DATA 253,174,32,212,225,169,1
340 DATA 133,185,169,0,76,213,255
350 DATA 169,64,141,155,129,76,10
360 DATA 128,0

READY.
```

1.-3. ZUSAMMENGESETZTE BEWEGUNGEN

PROBLEMSTELLUNG

Die Anregung zu den drei folgenden Programmen stammt aus einem Physiklehrbuch
für die Sekundarstufe 2. Eine Aufgabe lautet: Ein Affe im Urwald sieht genau
in den Büchsenlauf eines Jägers. Der Affe läßt sich in dem Moment fallen, in
dem der Jäger die Büchse abfeuert. Hat der Affe eine Chance, mit dem Schrek-
ken davonzukommen, wenn der Jäger nur genügend weit entfernt ist?
In diesem Programm fällt statt des Affen ein Lebkuchenherz, wie es etwa in
einer Schießbude auf einem Jahrmarkt der Fall sein könnte.
Die für den Lernenden anfangs unvorstellbare Lösung soll mit Hilfe der beiden
Folgeprogramme erklärt werden.

PHYSIKALISCHE GRUNDLAGEN - PROGRAMMAUFBAU

Das Galileische Relativitätsprinzip besagt, daß eine Bewegung , an der alle
Körper eines Systems gemeinsam teilnehmen, durch Beobachtung in diesem System
nicht nachweisbar ist. Beim waagrechten Wurf (Programm 2) fliegt ein Körper
mit konstanter Anfangsgeschwindigkeit vx waagrecht los. Infolge der Erdanziehungskraft (freier Fall) wird seine Flugbahn immer weiter nach unten ge-
krümmt. Zur Erklärung dieser Bewegung kann das Relativitätsprinzip herangezogen werden. Als Bezugssystem wird anstelle der Erde z.B. ein mit konstanter
Geschwindigkeit v fahrender Eisenbahnwagen benützt. Für den vom Zug zurückge-
legten Weg gilt: s = v.t .
Ein in diesem Wagen losgelassener Körper wird - genauso wie in einem Wohnraum
- lotrecht zu Boden fallen. Die Bewegung des Körpers erfolgt für den Beobachter im Zug entlang einer Geraden. Für den Fallweg im Zug gilt:

$$s = \frac{g}{2} \cdot t^2$$

Für einen Beobachter am Bahndamm ist die Bahnkurve des Körpers jedoch eine
Parabel. Das Relativitätsprinzip kann daher auch so interpretiert werden:
Die Abwärtsbewegung beim freien Fall und die gleichzeitige Vorwärtsbewegung
beeinflussen einander nicht.
Noch deutlicher ist folgende Formulierung:
Führt ein Körper zwei Bewegungen gleichzeitig aus, so befindet er sich zu
jedem Zeitpunkt an dem Ort, an dem er sich auch befände, wenn er die beiden
Bewegungen nacheinander ausgeführt hätte.
Man nennt diese Gesetzmäßigkeit auch das Unabhängigkeitsprinzip für
Bewegungen.
Der schiefe Wurf (Programm 3) setzt sich aus einer gleichförmigen Bewegung in
Richtung Zielpunkt und aus dem freien Fall zusammen. Entsprechend dem
Unabhängigkeitsprinzip befindet sich der Körper stets dort, wo er sich
befände, hätte er die Bewegungen einzeln ausgeführt.
Wenn das der Affe nur gewußt hätte!
Vielleicht ein Trost: Dieses Unabhängigkeitsprinzip gilt nur für Bewegungen
im Vakuum.

1. HERZSCHUSS

HINWEISE ZUR PROGRAMMGESTALTUNG

Auf der 1. Bildschirmseite wird der Titel "WER ZIELT BESSER?" dargestellt (30-90), wobei mit Tastendruck fortgesetzt wird. Auf der 2. Seite wird das Problem dargestellt und durch ein Herz, das aufblinkt (Unterprogramm 1000), untermalt. Das Blinken geschieht durch Invertieren der gesetzten Punkte bei Aufruf des Unterprogramms. Danach stehen vier mögliche Zielrichtungen zur Auswahl (220-250), die durch blinkende Visierlinien (Unterprogramm 2000) angegeben werden. Eine Abschußvorrichtung wird ebenfalls dargestellt. Je nach Wahl des Zielpunktes wird der Variablen FA ein bestimmter Wert zugewiesen (330-360), mit dem der Abschußwinkel AL berechnet wird (370). Die Eingabe der Geschwindigkeit V erfolgt in 440. Aus V und AL werden die beiden Komponenten VX und VY der Geschwindigkeit berechnet und noch mit einem Skalenfaktor (hier 20) multipliziert.

$$VX = 20 * COS(AL) \qquad VY = 20 * SIN(AL)$$

Im Programmteil ab 500 erfolgt der Abschuß des Geschoßes auf Tastendruck. Auch die Visierlinie wird gezeichnet. Der Schuß wird akustisch untermalt (3000). Das Hauptprogramm beginnt in 700. Die Zeit wird jeweils um DT (=0.1) erhöht. Zu jedem Zeitpunkt werden die Koordinaten des Geschoßes nach folgenden Formeln berechnet:

$$X = VX * T \qquad Y = VY * T - A * T * T$$

Dabei ist A die halbe Erdbeschleunigung. Gleichzeitig mit dem Schuß beginnt auch das Herz zu fallen. Der Wert von YY(I) = A * T* T gibt die jeweilige Höhe des fallenden Herzens an und wird als Feld gespeichert, da das Herz immer wieder weggelöscht werden muß.
Die Zeichnung erfolgt in 900. wo auch die nötigen Korrekturen vorgenommen werden, da wegen der besseren Sichtbarkeit die Darstellung der Flugbahn mit einem TEXT - Befehl erfolgt.
Wenn auf "A" gezielt wurde und die Geschwindigkeit groß genug war (größer als 1.9), wird das Herz getroffen und es erfolgt eine entsprechende Ausgabe auf dem Bildschirm mit akustischer Untermalung (4000). Außerdem blinkt der Bildschirmrand. Wenn die Geschwindigkeit nicht ausreichte, wird darauf hingewiesen. Bei Wahl der Zielpunkte B, C oder D wird auf den Fehlversuch hingewiesen.

LISTE DER VERWENDETEN VARIABLEN

A$	Fortsetzung durch Tastendruck
I	Zählvariable
B$	Zielpunkt
FA	Höhe des Zielpunkts
AL	Abschußwinkel
V	Geschwindigkeit
VX, VY	Geschwindigkeitskomponenten
A	halbe Erdbeschleunigung
DT	Zeitschritt
T	Zeit
X, Y	Koordinaten des Geschoßes
YY(I)	Höhe des fallenden Herzens
Q, D	Zählvariable
S	Speicheradresse des SID

```
5 REM    **************************
6 REM    * H E R Z S C H U S S *
7 REM    **************************
8 :
9 :
10 PRINT"J":CLR
20 DIM YY(100)
25 :
26 REM *** * * *
27 REM *** 1.SEITE ***
28 REM *** * * *
29 :
30 HIRES 1,6:POKE 53280,6
40 TEXT 110,40,"W    E    R",1,2,8
50 TEXT 95,80,"Z  I  E  L  T ",1,2,8
60 TEXT 75,120,"B  E  S  S  E  R  ?",1,2,8
70 TEXT 250,190,"TASTE",1,1,10
80 A$=""
90 GET A$:IF A$="" THEN 90
95 :
96 REM *** * * *
97 REM *** 2.SEITE ***
98 REM *** * * *
100 HIRES 6,1
110 GOSUB 1000
120 TEXT 10,10,"DAS HERZ SOLL IM FALLEN",1,1,8
130 GOSUB 1000
140 TEXT 10,20,"GETROFFEN WERDEN !",1,1,8
150 GOSUB 1000
160 TEXT 10,30,"ES FAELLT MIT DEM SCHUSS",1,1,8:GOSUB 1000
170 TEXT 10,40,"ZUGLEICH LOS !",1,1,8:GOSUB 1000
180 TEXT 10,50,"WOHIN SOLL MAN ZIELEN ?",1,1,8
190 GOSUB 1000
200 TEXT 10,60,"A, B, C ODER D ?",1,1,8
210 TEXT 10,70,"--> ENTSPRECHENDE TASTE !",1,1,8
220 TEXT 280,3," A",1,1,6   :GOSUB 1000
230 TEXT 280,30,"●   B",1,1,6   :GOSUB 1000
240 TEXT 280,60,"●   C",1,1,6   :GOSUB 1000
250 TEXT 280,100,"●   D",1,1,6:GOSUB 1000
260 TEXT 5,185," ┌─/",1,1,6
270 TEXT 5,190," └─┘",1,1,6
280 TEXT 35,188,"ABSCHUSS",1,1,8
300 B$=""
310 GET B$:GOSUB 1000 : GOSUB 2000
320 IF B$<>"A"THEN IF B$<>"B"THEN IF B$<>"C"THEN IFB$<>"D" THEN 310
330 IF B$="A" THEN FA=0
340 IF B$="B" THEN FA=30
350 IF B$="C" THEN FA=60
360 IF B$="D" THEN FA=100
370 AL=ATN((190-FA)/140)
380 CSET 0
395 :
396 REM *** * * *
397 REM *** EINGABE ***
398 REM *** * * *
399 :
400 PRINT"J":PRINT:PRINT:PRINT
410 PRINT"   WAHL DER SCHUSSGESCHWINDIGKEIT"
420 PRINT:PRINT"   ( 1 BIS 5 )"
430 PRINT:PRINT:PRINT:PRINT
440 INPUT"   GESCHWINDIGKEIT   3■■■";V
450 TEXT 280,0,"♦",2,1,1
460 VX=20*V*COS(AL)
```

```
470 VY=20*V*SIN(AL)
480 K=10:A=5:DT=.1:I=1
495 :
496 REM ***      * * *
497 REM ***   ABSCHUSS   ***
498 REM ***      * * *
499 :
500 POKE 53280,11:POKE 53281,11
510 HIRES 1,2:MULTI 7,4,13
520 TEXT 140,0,"♥",1,1,1
530 LINE 2,200,142,FA+5,4
540 IF B$="A"THEN TEXT 150,0,"A",1,1,1
550 IF B$="B"THEN TEXT 150,30,"B",1,1,1
560 IF B$="C"THEN TEXT 150,60,"C",1,1,1
570 IF B$="D"THEN TEXT 150,100,"D",1,1,1
580 TEXT 50,170,"T A S T E",1,1,10
590 A$=""
600 GET A$:IF A$="" THEN 530
610 TEXT 50,170,"T A S T E",0,1,10
620 GOSUB 3000 : REM *** SCHUSS ***
695 :
696 REM ***      * * *
697 REM *** HAUPTPROGRAMM ***
698 REM ***      * * *
699 :
700 X=VX*T:Y=VY*T-A*T*T
710 YY(I)=A*T*T
720 IF X>=140   THEN 800
730 IF Y<0 THEN 800
740 GOSUB 900
750 I=I+1
760 T=T+DT
770 GOTO 700
800 FOR Q= 1 TO 24 : POKE 54272+Q,0 : NEXT Q
810 IF B$="A" THEN IF V>=1.9 THEN GOSUB 4000 : REM *** TREFFER ***
820 IF B$="A" THEN IF V<1.9 THEN 850
830 IF B$="A" THEN TEXT 5,20,"B R A V O !",1,1,10:GOTO870
840 IF B$<>"A" THEN TEXT 5,20,"S O   N I C H T !",1,1,10:GOTO 870
850 TEXT 5,20,"GESCHW.",1,1,10
860 TEXT 5,40,"ZU KLEIN !",1,1,10
870 TEXT 40,190,"´RETURN´",1,1,8
880 PAUSE 1000
890 CSET 0:CLR:DIM YY(100):GOTO 100
895 :     .
896 REM ***      * * *
897 REM ***   GRAFIK   ***
898 REM ***      * * *
899 :
900 YY(I)=YY(I)+8
910 TEXT 140,YY(I-1),"♥",0,1,1
920 TEXT 140,YY(I),"♥",1,1,1
930 TEXT X,194-Y,".",2,1,1
940 RETURN
995 :
996 REM ***      * * *
997 REM *** HERZ - BLINKEN ***
998 REM ***      * * *
999 :
1000 TEXT 280,3,"♥",2,1,1
1010 FOR I=0 TO 100 :NEXT I
1020 RETURN
```

```
1996 REM ***          * * *
1997 REM *** BLINKENDE VISIERLINIEN ***
1998 REM ***          * * *
1999 :
2000 LINE 25,182,160,90,2
2010 FOR I=0 TO 100 : NEXT I
2020 LINE 25,182,160,110,2
2030 FOR I=0 TO 100 : NEXT I
2040 LINE 25,182,160,120,2
2050 FOR I=0 TO 100 : NEXT I
2060 LINE 25,182,160,140,2
2070 FOR I=0 TO 100 : NEXT I
2080 TEXT 180,100,"?",2,2,1
2090 RETURN
2995 :
2996 REM ***    * * *
2997 REM ***  SCHUSS   ***
2998 REM ***    * * *
2999 :
3000 S=54272
3010 POKE S+24,15
3020 POKE S+5,9
3030 POKE S+1,20
3040 POKE S+4,128
3050 FOR D= 1 TO 10 : NEXT D
3060 POKE S+4,129
3070 RETURN
3995 :
3996 REM ***  * * *
3997 REM *** TREFFER ***
3998 REM ***  * * *
3999 :
4000 S=54272
4010 POKE S+24,7
4020 POKE S+5,12*16+0
4030 POKE S+6,15*16+10
4040 FOR Q =120 TO 100 STEP -1
4050 POKE S+1,Q
4060 POKE S+4,17
4070 FOR D = 1 TO 10 : NEXT D
4080 NEXT Q
4090 POKE S+24,15
4100 POKE S+1,15
4110 POKE S+4,128
4195 :
4196 REM ***  * * *
4197 REM *** BLITZEN ***
4198 REM ***  * * *
4199 :
4200 BFLASH 1,6,7
4210 PAUSE 1
4220 BFLASH 0
4230 POKE 53280,11
4295 :
4296 REM ***    * * *
4297 REM *** SOUND-END ***
4298 REM ***    * * *
4299 :
4300 FOR Q= 1 TO 24 : POKE 54272+Q,0 : NEXT Q
4310 RETURN
4320 END
```

W E R
Z I E L T
B E S S E R ?

TASTE

EIN HERZ SOLL IM FALLEN
GETROFFEN WERDEN !
ES FAELLT MIT DEM SCHUSS
ZUGLEICH LOS !
WOHIN SOLL MAN ZIELEN ?
A, B, C ODER D ?
--> ENTSPRECHENDE TASTE !

A
B
C
D

ABSCHUSS

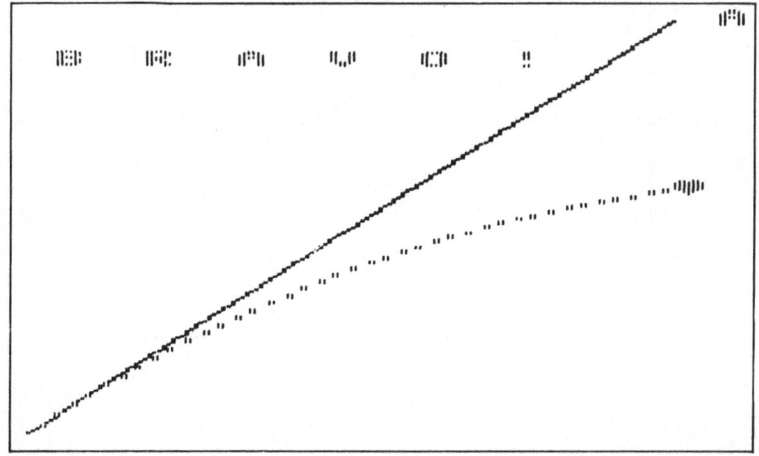

2. UNABHÄNGIGKEITSPRINZIP

HINWEISE ZUR PROGRAMMGESTALTUNG

In diesem Programm wird die Bewegung eines waagrecht abgeschossenen Körpers dargestellt. Sie setzt sich zusammen aus einer gleichförmigen waagrechten Bewegung und der Fallbewegung. Punkt für Punkt wird diese Zusammensetzung gezeigt. Die Horizontalgeschwindigkeit VX wird eingegeben, wobei auf Grund der gewählten Skalenfaktoren nicht beliebig große Geschwindigkeiten zulässig sind.
Das Hauptprogramm beginnt in 200. Der Skalenfaktor für die horizontale Achse ist 5, der Faktor für die vertikale Achse 3,5. Er enthält aber auch den Faktor $g/2$ (halbe Erdbeschleunigung = 5 m/s^2). In Zeitschritten von DT = 1 Sekunde werden die X- und die Y- Koordinate berechnet (230,240).
   $X = K * VX * T$ $Y = KK * T * T$
Im Unterprogramm 500 erfolgt die akustisch untermalte grafische Darstellung des jeweiligen Bahnpunktes. Wenn der Bildschirmrand erreicht ist (Abfrage in 250), erfolgt die Aufforderung, eine Taste zu drücken (340). Dann wird die Bahnkurve nochmals in kleineren Zeitintervallen (0,1 s) berechnet und gezeichnet (Programmteil 400-490). Mit der Taste 'RETURN' kann man das Programm erneut von vorne durchlaufen lassen (600-620).

LISTE DER VERWENDETEN VARIABLEN

VX	Horizontalgeschwindigkeit
K	Skalenfaktor für die x-Achse
KK	Skalenfaktor für die y-Achse
X, Y	Koordinaten des bewegten Körpers
I	Zählvariable
DT	Zeitschritt
T	Zeit
A$	Tastatureingabe
Z	Zählvariable

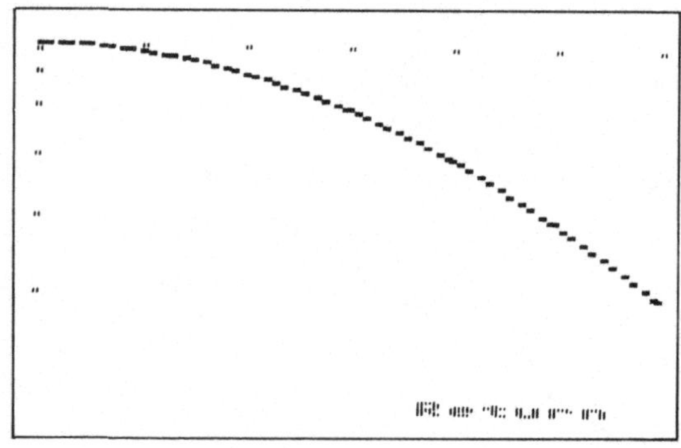

```
5 REM     ********************************
6 REM     *  UNABHAENGIGKEITSPRINZIP   *
7 REM     ********************************
8 :
9 :
10 PRINT"[]":POKE53280,5:POKE53281,1
20 PRINT:PRINT
30 PRINT"          ┌─────────────────────────┐"
40 PRINT"          |  UNABHAENGIGKEITSPRINZIP |"
50 PRINT"          └─────────────────────────┘"
60 PRINT:PRINT
70 PRINT:PRINT" VERTIKAL:   F R E I E R   F A L L"
80 PRINT:PRINT" HORIZONTAL: G L E I C H F O E R M I G"
90 PRINT:PRINT:PRINT
100 INPUT" HORIZONTALGESCHWINDIGKEIT (1 - 7)    4";VX
145 :
146 REM *** * * *
147 REM *** TON/HUELLKURVE ***
148 REM *** * * *
149 :
150 VOL15
160 WAVE 1,00010000
170 ENVELOPE 1,4,2,12,4
195 :
196 REM *** * * *
197 REM *** HAUPTPROGRAMM ***
198 REM *** * * *
199 :
200 POKE 53280,11:POKE 53281,11
210 HIRES 1,11:MULTI 10,14,13
220 K=5:KK=3.5:DT=1
230 X=K*VX*T
240 Y=KK*T*T
250 IF X>160 OR Y>200 GOTO 300
260 GOSUB 500
270 T=T+DT:GOTO 230
300 TEXT 90,30,"KURVE -->",3,1,8
310 TEXT 90,50,"T A S T E",3,1,8
320 A$=""
340 GET A$:IF A$= "" THEN 340
350 TEXT 90,30,"KURVE -->",0,1,8
360 TEXT 90,50,"T A S T E",0,1,8
395 :
396 REM *** * * *
397 REM *** BAHNKURVE/AUSGEZOGEN ***
398 REM *** * * *
399 :
400 FOR I=0 TO T-1 STEP 0.1
410 X=K*VX*I
420 Y=KK*I*I
430 TEXT X,Y,".",3,1,1
440 NEXT I
450 FOR I= 1 TO 5
460 TEXT 95,185,"RISETURN",0,1,8
470 FOR Z= 1 TO 80:NEXT
480 TEXT 95,185,"RISETURN",1,1,8
490 NEXT:GOTO 600
```

```
496 REM ***              * * *
497 REM *** DARSTELLUNG DER PUNKTE ***
498 REM ***              * * *
499 :
500 MUSIC 3,"□1A5I□G"
510 PLAY2
520 TEXT X,0,".",1,1,1
530 TEXT 0,Y,".",2,1,1
540 FOR I=0 TO 1000:NEXT I
550 MUSIC 3,"□1C5I□G"
560 PLAY2
570 TEXT X,Y,".",3,1,1
580 FOR I=0 TO 700:NEXT I
590 RETURN
600 PAUSE 1000
610 CSET 0:CLR
620 RUN
```

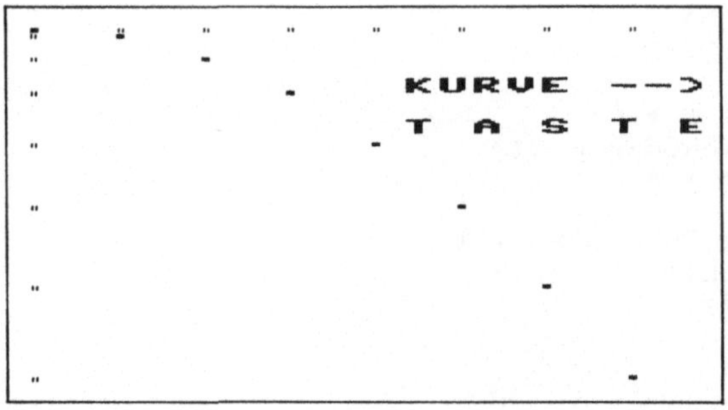

3. SCHIEFER WURF

HINWEISE ZUR PROGRAMMGESTALTUNG

Dieses Programm soll zeigen, wie die Bahnkurve eines unter einem bestimmten Winkel nach oben geworfenen Körpers zustande kommt. Die Bewegung des Körpers setzt sich aus einer gleichförmigen Bewegung mit einer bestimmten Anfangsgeschwindigkeit und der Fallbewegung zusammen. Da auch noch der Abwurfwinkel gewählt werden kann, ergeben sich sowohl in x-Richtung als auch in y-Richtung Komponenten der Anfangsgeschwindigkeit. Eingegeben werden also der Abwurfwinkel A und die Geschwindigkeit V, außerdem noch der Zeitschritt DT zur Berechnung der Bahnkurve und der Skalenfaktor K für die Darstellung der Bahnkurve. Der Abwurfwinkel wird ins Bogenmaß umgerechnet und dann mit B bezeichnet. Für die Komponenten der Geschwindigkeit gilt:

VX = V * SIN(B)   VY = V * COS(B)

Die x-Koordinate erhält man als Weg einer gleichförmigen Bewegung: X = VX*T, die y-Koordinate als Weg einer beschleunigten Bewegung, wobei als konstanter Beitrag die gleichförmige Bewegung mit der Geschwindigkeit VY dazukommt. Für Y gilt also: Y = VY*T - 5*T*T. Für die grafische Darstellung werden die Bildschirmkoordinaten XS und YS mit Hilfe des Skalenfaktors K berechnet. Da beim Multicolour-Modus, in dem hier gezeichnet wird, die Einheiten auf den Koordinatenachsen unterschiedlich sind, wird für die y-Koordinate noch der Korrekturfaktor 1,8 benötigt.

Die Rechenschleife beginnt in 300, die Zeichnung erfolgt, akustisch untermalt, im Unterprogramm 1000. Dabei wird wieder punktweise die Bewegung aus einer lotrechten und einer waagrechten Bewegung zusammengesetzt. Mit Hilfe des alten Wertes der y-Koordinate (YA) wird der Umkehrpunkt des Körpers festgehalten. Für die Abwärtsbewegung des lotrecht bewegten körpers wird die Zeichenfarbe geändert. Die Wurfweite wird in 380 nach der Fomel berechnet.

Im Programmteil ab 600 erfolgt ein Vergleich der Wurfbewegung mit einer Fallbewegung, also die Erklärung zum 1. Programm (HERZSCHUSS). Gleichzeitig mit Abschuss des Körpers wird ein von diesem aus anvisierter Körper fallen gelassen. Sollte die Ausgangshöhe H außerhalb des Bildschirms liegen, wird der entsprechende Zeichenbefehl solange unterdrückt, bis das Bildfeld erreicht ist. Diese Ausgangshöhe wird in 600 und 610 bzw. 2000 (falls die Höhe zu groß ist) berechnet. Die Visierlinie wird in 2000 gezeichnet. Die Darstellung der Wurfbahn erfolgt nun in Zeitschritten von 0,1 Sekunden. Der fallende Körper wird nur bei jedem 10. Rechenschritt dargestellt (Abfrage in 710). Die Rechenschleife umfaßt die Zeilen 640-790.

Man kann an diesem Programm deutlich erkennen, wie die beiden Körper gleichzeitig am Boden auftreffen. Die Höhe des fallenden Körpers wird als HS angegeben.

LISTE DER VERWENDETEN VARIABLEN

V	Geschwindigkeit
VX,VY	Komponenten der Geschwindigkeit
A, B	Abwurfwinkel
T, I	Zeit
DT	Zeitschritt
K	Skalenfaktor
X, Y	Koordinaten des Körpers
XS, YS	Bildschirmkoordinaten
XA	Wurfweite
XB	Bildschirmkoordinate (x-Richtung) für Visierlinie
YA	festgehaltener Wert der Y-Koordinate
A$	Tastatureingabe
H	Ausgangshöhe des fallenden Körpers
HH	Bildschirmkoordinate von H
HS	Höhe des fallenden Körpers
L, D, J	Zählvariable
Z, ZZ	Zählvariable
C	Flag

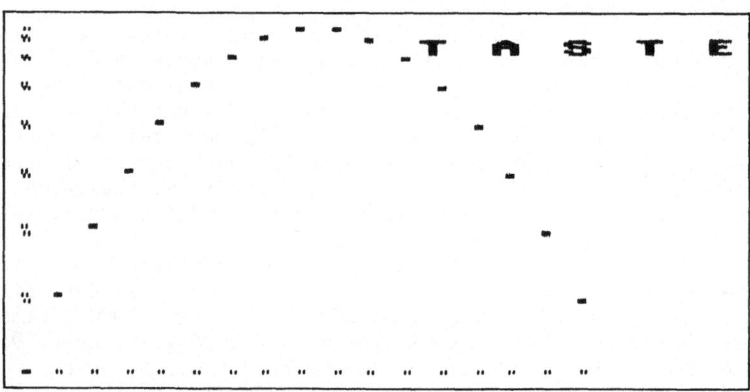

```
5 REM     ******************************
6 REM     *  S C H I E F E R   W U R F  *
7 REM     ******************************
8 :
9 :
10 PRINT"[]":POKE 53280,5:POKE 53281,1
20 PRINT:PRINT
30 PRINT"            ┌──────────────────────────┐"
40 PRINT"            |  UNABHAENGIGKEITSPRINZIP  |"
50 PRINT"            └──────────────────────────┘"
60 PRINT:PRINT
70 PRINT:PRINT"  S  C  H  I  E  F  E  R    W  U  R  F"
80 PRINT:PRINT:PRINT
100 INPUT"  ABWURFGESCHWINDIGKEIT    32████";V:PRINT:PRINT
110 INPUT"  ABWURFWINKEL ( 0  - 90 GRAD )   45████";A:PRINT:PRINT
120 INPUT"  SKALENKAKTOR    1████";K:PRINT:PRINT
130 INPUT"  ZEITSCHRITT    .5████";DT:PRINT:PRINT
140 POKE 53280,11:POKE 53281,11
150 HIRES 1,11:MULTI 10,14,13
160 B=A*π/180:C=0
170 VX=V*COS(B):VY=V*SIN(B)
195 :
196 REM ***        * * *
197 REM *** TON/HUELLKURVE ***
198 REM ***        * * *
199 :
200 VOL15
210 WAVE 1,00010000
220 ENVELOPE 1,4,2,12,4
295 :
296 REM ***        * * *
297 REM *** HAUPTPROGRAMM ***
298 REM ***        * * *
299 :
300 X=VX*T:XS=K*X
310 Y=VY*T-5*T*T:YS=190-1.8*K*Y
320 T=T+DT
330 IF C=1THEN IF XS>=160 OR Y<= 0 THEN 380
340 IF Y<YA THEN C=1
350 YA=Y
360 GOSUB 1000
370 GOTO 300
380 XA=V*V*SIN(2*B)/10
390 GOSUB 1500
595 :
596 REM ***          * * *
597 REM *** VERGLEICH MIT FALL ***
598 REM ***          * * *
599 :
600 H=XA*TAN(B):IF 1.8*H>=190 THEN GOSUB 2000:GOTO 620
610 HH=190-1.8*H:XB=XA
620 GOSUB 3000
630 GOSUB 1500
640 FOR I=0 TO T STEP 0.1
650 X=VX*I:XS=K*X
660 Y=VY*I-5*I*I:YS=190-1.8*K*Y
670 IF XS>XA OR YS>190 THEN 690
680 TEXT XS,YS,".",3,1,1
690 HS=H-5*I*I
700 IF 1.8*HS<0 THEN HS=0:GOTO 730
710 IF ZZ<>0 GOTO 770
```

```
720 IF 1.8*HS>=190 THEN 750
730 TEXT XA,190-1.8*HS,".",2,1,1
740 IF HS=0 THEN 800
750 MUSIC 3,"◻1G5I◼◻G":PLAY 2
760 FOR J= 1 TO 500:NEXT
770 ZZ=ZZ+1
780 IF ZZ>=10*DT THEN ZZ=0
790 NEXT I
800 FOR I= 1 TO 5
810 TEXT 15,5,"R◼ETURN",0,1,8
820 FOR Z= 1 TO 80:NEXT
830 TEXT 15,5,"R◼ETURN",1,1,8
840 NEXT
895 :
896 REM ***   * * *
897 REM ***   ENDE   ***
898 REM ***   * * *
899 :
900 PAUSE 1000
910 CSET 0
920 RUN
995 :
996 REM ***           * * *
997 REM *** DARSTELLUNG DER PUNKTE ***
998 REM ***           * * *
999 :
1000 MUSIC 3,"◻1A5I◼◻G"
1010 PLAY2
1020 TEXT XS,190,".",1,1,1
1030 IF C=0 THEN TEXT 0,YS,".",2,1,1
1040 IF C=1 THEN TEXT 0,YS,".",1,1,1
1050 FOR I=0 TO 400:NEXT I
1060 MUSIC 3,"◻1C5I◼◻G"
1070 PLAY2
1080 TEXT XS,YS,".",3,1,1
1090 FOR I=0 TO 400:NEXT I
1100 RETURN
1495 :
1496 REM ***   * * *
1497 REM *** HINWEIS ***
1498 REM ***   * * *
1499 :
1500 TEXT 90,40,"T A S T E",3,1,8
1510 A$=""
1520 GET A$:IF A$= "" THEN 1520
1530 TEXT 90,40,"T A S T E",0,1,8
1540 RETURN
1995 :
1996 REM ***           * * *
1997 REM *** BERECHNUNG/VISIERLINIE ***
1998 REM ***           * * *
1999 :
2000 XH=195/(1.8*TAN(B))
2010 HH=0
2020 XB=XH
2030 RETURN
```

```
2996 REM ***     * * *
2997 REM *** VISIERLINIE ***
2998 REM ***     * * *
2999 :
3000 FOR L=1 TO 5
3010 LINE 2,195,XB+2,HH+4,0
3020 FOR D=1 TO 50:NEXT
3030 LINE 2,195,XB+2,HH+4,1
3040 FOR D=1 TO 50:NEXT
3050 NEXT
3060 TEXT 0,192,"●",3,1,1
3070 IF XB=XA THEN TEXT XB,HH,"●",2,1,1
3080 RETURN
```

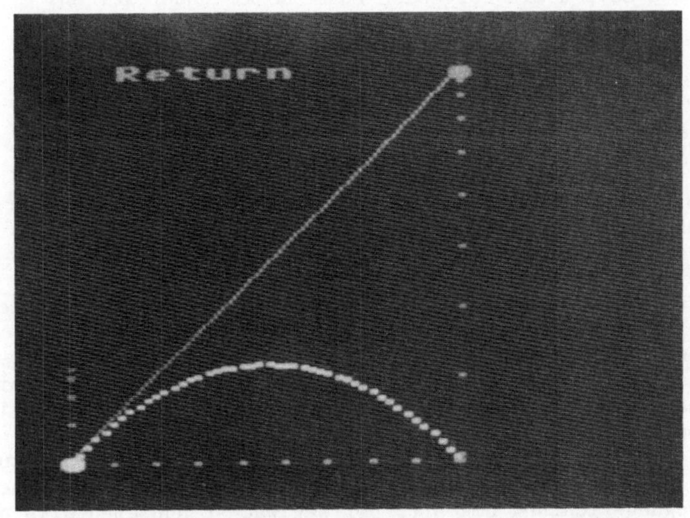

4 . D I A G R A M M E

PROBLEMSTELLUNG

Für eine beliebige Bewegung, auch eine ungleichmäßig beschleunigte, soll der zeitliche Verlauf von Beschleunigung, Geschwindigkeit und Weg dargestellt werden. Die Beschleunigung soll über die beiden Paddles (Potentiometer) eingegeben werden.

PHYSIKALISCHE GRUNDLAGEN - PROGRAMMAUFBAU

Für eine gleichmäßig beschleunigte Bewegung gibt es Formeln zur Berechnung von Geschwindigkeit und Weg nach einer bestimmten Zeitspanne. Ein Beispiel dafür ist der freie Fall, bei dem die Geschwindigkeit v und der Weg s nach einer bestimmten Zeit t mit folgenden Formeln berechnet werden:

$$v = g.t \qquad\qquad s = \frac{g}{2} . t^2 \qquad\qquad g = 9.81 \text{ m/s}^2$$

Andere beschleunigte oder verzögerte Bewegungen lassen sich mit analogen Formeln berechnen, wenn die Beschleunigung konstant ist.
Das ist in der Wirklichkeit jedoch selten der Fall. Wenn sich die Beschleunigung ändert, kann man für größere Zeitabschnitte nicht mehr mit diesen einfachen Formeln rechnen. Man kann jedoch die Betrachtung der Bewegung in viele kleine Zeitabschnitte dt unterteilen und dann wieder die Formeln verwenden. In jedem Zeitintervall behandelt man dann die Bewegung wie eine gleichmäßig beschleunigte Bewegung.
Das Weg - Zeit - Diagramm einer gleichförmigen Bewegung (Beschleunigung 0) ist bekanntlich eine Gerade, das Weg - Zeit - Diagramm einer gleichmäßig beschleunigten Bewegung ergibt eine Parabel. Das Geschwindigkeits - Zeit - Diagramm einer gleichmäßig beschleunigten Bewegung ergibt eine Gerade. Betrachtet man nun die Bewegung über längere Zeit, ändert dabei aber die Beschleunigung, so ändern sich entsprechend auch die Diagramme.
Wird die Beschleunigung negativ - das heißt, es wird gebremst - so verringert sich die Geschwindigkeit, bis sie schließlich negativ wird. Das bedeutet, daß sich die Bewegungsrichtung umkehrt. Der Weg wächst nun ebenfalls nicht weiter an, sondern nimmt wieder ab. Der bewegte Körper kehrt zurück.

HINWEISE ZUR PROGRAMMGESTALTUNG

Die Eingabe der Beschleunigung erfolgt mit Hilfe der beiden Paddles, wobei mit einem Potentiometer beschleunigt und mit dem anderen gebremst wird. Die Abfrage erfolgt in 500. Der Wert des Potentiometers 0 wird der Variablen P zugewiesen, der Wert des Potentiometers 1 der Variablen Q. Mit Paddle 1 wird gebremst, beim Beschleunigen muß es auf 0 gestellt sein. Der Wert der Potentiometer (0-255) wird als Beschleunigung bzw. Verzögerung verwendet. Die Geschwindigkeitsänderung nach jedem Zeitintervall DT ergibt sich dann aus der Formel DV = A*DT und die Geschwindigkeit wird zu V+DV. Die Wege in den einzelnen Zeitintervallen werden summiert, es gilt also S = S + V*DT. Die Zeit wird jeweils um DT erhöht, bis der Bildschirm voll ausgenützt ist. Diese Rechenschleife steht in 500 - 590.
Im Eingabeblock ab 130 werden der Zeitschritt und die einzelnen Skalenfaktoren gewählt. Das Koordinatensystem wird in 400 - 480 gezeichnet. Die grafische Darstellung von Weg, Geschwindigkeit und Beschleunigung erfolgt ab Zeile 1000. Dabei werden zunächst die Bildschirmkoordinaten SG, TG, VG, AG berechnet.

Falls der Bildschirmrand für eine dieser Koordinaten überschritten würde,
wird der entsprechende Zeichenbefehl übersprungen.
Man kann auch Weg und Geschwindigkeit allein darstellen. Dann muß bei der Abfrage in 210 mit "N" geantwortet werden.

LISTE DER VERWENDETEN VARIABLEN

A$	Tastaturabfrage für Beginn der Rechenschleife
Z$	Abfrage, ob Beschleunigungsdiagramm gezeichnet werden soll
T	Zeit
DT	Zeitintervall
S, V, A	Weg, Geschwindigkeit, Beschleunigung
FS	Skalenfaktor für den Weg
FG	Skalenfaktor für die Geschwindigkeit
FA	Skalenfaktor für die Beschleunigung
TG	Bildschirmkoordinate – Zeit
SG	Bildschirmkoordinate – Weg
VG	Bildschirmkoordinate – Geschwindigkeit
AG	Bildschirmkoordinate – Beschleunigung
TA	festgehaltener Wert der Zeit
SA	festgehaltener Wert des Weges
P, Q	Wert der Paddles 0 und 1
U	Zählvariable bei Warteschleife

```
5 REM    ***********************
6 REM    *  DIAGRAMME S-V-A-T  *
7 REM    ***********************
8 :
9 :
10 PRINT"⌂"
20 PRINT AT(9,3)"┌─────────────────────┐"
30 PRINT AT(9,4)"|   D I A G R A M M E   |"
40 PRINT AT(9,5)"|                       |"
50 PRINT AT(9,6)"|  S-T      V-T      A-T |"
60 PRINT AT(9,7)"└─────────────────────┘"
70 PRINT AT(3,14)"EINGABE UEBER PADDLES"
80 PRINT AT(10,16)"PADDLES ANGESCHLOSSEN ?"
90 PRINT AT(20,22)"WEITER MIT TASTE"
100 GET A$:IF A$=""THEN 100
105 :
106 REM ***    * * *
107 REM ***   EINGABE  ***
108 REM ***    * * *
109 :
110 PRINT"⌂"
120 PRINT AT(2,3)"BESCHLEUNIGUNG WIRD EINGEGEBEN" :PRINT:PRINT
130 INPUT"  ZEITSCHRITT DT   .1▮▮▮▮▮";DT:PRINT
140 INPUT"  FAKTOR FUER S    .1▮▮▮▮▮";FS
150 INPUT"  FAKTOR FUER V    .5▮▮▮▮▮";FV
160 INPUT"  FAKTOR FUER A    1▮▮▮▮";FA
170 PRINT AT(3,13)"BESCHLEUNIGEN ... PADDLE 0"
180 PRINT:PRINT"   ( PADDLE 1  IN  0 - STELLUNG )":PRINT
190 PRINT AT(3,17)"BREMSEN ... PADDLE 1"
200 PRINT AT(3,19)"GESCHW. KONSTANT ... 0-STELLUNG":PRINT:PRINT
210 INPUT"  BESCHL.-DIAGRAMM ? J/N    J▮▮▮▮";Z$
220 PRINT AT(15,24) "BEGINN MIT TASTE"
230 IF Z$="J" THEN TEXT 5,25,"BESCHL.",3,1,8
240 A$=""
250 GET A$:IF A$=""THEN 240

396 REM ***        * * *
397 REM *** KOORDINATENSYSTEM ***
398 REM ***        * * *
399 :
400 HIRES1,11:MULTI 4,13,7
410 POKE53280,11:POKE53281,11
420 LINE 0,0,0,200,1
430 LINE 0,150,320,150,1
440 TEXT 5,5,"WEG",1,1,8
450 TEXT 5,15,"GESCHW.",2,1,8
460 IF Z$="J" THEN TEXT 5,25,"BESCHL.",3,1,8
470 GET A$:IF A$="" THEN 470
480 SA=150
495 :
496 REM ***       * * *
497 REM *** RECHENSCHLEIFE ***
498 REM ***       * * *
499 :
500 P=POT(0) :Q=POT(1)
510 IF Q>0 THEN A=-Q:GOTO 530
520 A=P
530 T=T+DT
540 V=V+A*DT
550 S=S+V*DT
```

```
560 IF 10*T>=160 THEN 600
570 GOSUB 1000
580 FOR U=0 TO 100:NEXT
590 GOTO 500
600 PAUSE 1000
610 END
995 :
996 REM ***  * * *
997 REM ***   GRAFIK   ***
998 REM ***  * * *
999 :
1000 SG=150-FS*S:TG=10*T
1010 VG=150-FV*V:AG=150-FA*A
1020 IF SG>=200 OR SG<=0 THEN GOTO 1050
1030 LINE TA,SA,TG,SG,1
1040 TA=TG:SA=SG
1050 IF VG>=200 OR VG<=0 THEN 1070
1060 PLOT TG,VG,2
1070 IF Z$="N" THEN 1100
1080 IF AG>=200 OR AG<=0 THEN 1100
1090 PLOT TG,AG,3
1100 RETURN
```

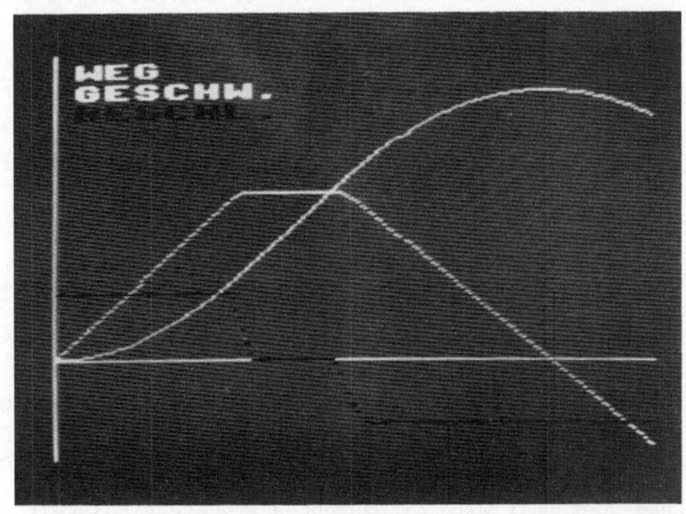

5. FALLSCHIRMSPRINGER

PROBLEMSTELLUNG

Die Geschwindigkeit eines Fallschirmspringers mit geschlossenem Fallschirm wird wegen der Erdanziehungskraft zunächst immer größer, um schließlich wegen des Luftwiderstandes einen konstanten Wert zu erreichen. Wenn der Fallschirm geöffnet wird, wird der Luftwiderstand stark vergrößert und die Geschwindigkeit rasch kleiner, bis sie einen Endwert von etwa 20 km/h erreicht.
Für beliebige Absprunghöhen sollen das Geschwindigkeits - Zeit - Diagramm und das Weg - Zeit - Diagramm des Fallschirmspringers dargestellt werden. Der Zeitpunkt, zu dem der Fallschirm geöffnet wird, soll durch Tastendruck während des Programmlaufes bestimmt werden. Als Erinnerung wird ein Fallschirmspringer mit geschlossenem und dann mit geöffnetem Fallschirm als Sprite mitbewegt.

PHYSIKALISCHE GRUNDLAGEN - PROGRAMMAUFBAU

Die Bewegung eines Fallschirmspringers wird zunächst vorwiegend von der Beschleunigung auf Grund der Erdanziehungskraft bestimmt. Der Einfluß des Luftwiderstandes wird erst bei größerer Geschwindigkeit merkbar. Die Bewegung wird in kleinen Zeitintervallen als gleichmäßig beschleunigte Bewegung behandelt. Zur Beschleunigung $g = 9,81$ m/s^2 kommt der bremsende Einfluß des Luftwiderstandes $C.v^2$, abhängig vom Quadrat der augenblicklichen Geschwindigkeit v hinzu. Der Faktor C ist eine für den Springer charakteristische Größe:

$$C = \frac{c_w}{2} \cdot \frac{\rho.A}{m}$$

c_w ... Luftwiderstandsbeiwert: 0,8 für Zylinder
                                           1,4 offene Halbkugel
ρ ... Dichte der Luft (1,3 kg/m^3)
A ... Querschnittsfläche des Körpers
m ... Masse des Fallschirmspringers

Für m = 80 kg , eine Querschnittsfläche von 0,5 m^2 und cw = 0,8 (Abschätzung) ergibt sich ein Faktor C = 0,003
Aus der Beschleunigung $a = 9.81 - C*v^2$ wird die Geschwindigkeitsänderung dv=a.dt berechnet. Um die Rechengenauigkeit zu verbessern, wird im Halbschrittverfahren gerechnet. Die Beschleunigung und die Geschwindigkeit werden in jedem Zeitintervall zweimal berechnet, und der zurückgelegte Weg wird mit der Geschwindigkeit in der Mitte des Zeitintervalls ermittelt. Dabei ergibt sich die Wegänderung zu ds=v.dt. Da im Programm die Absprunghöhe x als Ausgangspunkt gewählt wird, wird ds jeweils subtrahiert.
Die Bremswirkung der Luft wird mit zunehmender Geschwindigkeit stärker, bis sich schließlich eine konstante Geschwindigkeit von etwa 70 m/s einstellt, mit der der Fallschirmspringer mit geschlossenem Fallschirm der Erde entgegenrast.
Das Öffnen des Fallschirms geschieht mit Tastendruck (Taste "O"). Dabei ändert sich der Cw - Wert des Springers auf cw = 1,4 und die Querschnittsfläche auf ca. 30 m^2 (geschätzter Wert bei einem Durchmesser von etwa 6 m). Die charakteristische Größe C wird zu C = 0.3 . Da der Fallschirm nicht schlagartig offen ist, wird im Programm der Wert von C schrittweise um 0,002 erhöht. Die Bremswirkung ist nun viel stärker geworden, und die Geschwindigkeit des Springers verringert sich bis auf etwa 6 m/s . Mit dieser konstanten Geschwindigkeit schwebt der Fallschirmspringer dann zur Erde.

Im Programm werden bei der Landung die Endgeschwindigkeit und die Zeitdauer in Sekunden angegeben. Falls die Geschwindigkeit zu groß ist oder der Fallschirm nicht geöffnet wurde, wird der Absturz gemeldet.
Die mitbewegten Sprites sollen das Programm etwas auflockern.

HINWEISE ZUR PROGRAMMGESTALTUNG

Eingegeben werden nur die Absprunghöhe und der Faktor für die Zeitachse, der maßgebend dafür ist, wie stark die Zeitachse gedehnt wird. Der Zeitschritt DT = 0.1 und der Bremsfaktor C = 0.003 werden im Programm vorgegeben (140). Im Unterprogramm ab 1000 wird das Koordinatensystem gezeichnet. Die Sprites werden aus dem Unterprogramm ab 6000 geladen.
Die Rechenschleife beginnt in 200 mit der Berechnung der Beschleunigung und der Geschwindigkeit (im Unterprogramm 1400). Dann wird die Zeit um das Zeitintervall DT vergrößert und die Höhe des Fallschirmspringers berechnet. Im Unterprogramm ab 1100 werden die Bildschirmkoordinaten für Höhe, Geschwindigkeit und Zeit berechnet und dann die entsprechenden Punkte gezeichnet. Außerdem wird Sprite 1 bewegt, solange der Fallschirm geschlossen ist. Bei jedem 10. Rechenschritt erfolgt die Angabe von Zeit, Hühe und Geschwindigkeit (im Unterprogramm 1200).
Mit der Taste "O" kann man den Fallschirm öffnen (Abfrage in 230). Im Unterprogramm ab 1700 wird der Bremsfaktor geändert, der Zeitpunkt des Öffnens als TO festgehalten und Sprite 1 durch Sprite 2 (Springer mit geöffnetem Fallschirm) ersetzt. Außerdem wird der Vorgang akustisch untermalt (Unterprogramm 4000). Die weitere Erhöhung des Bremsfaktors erfolgt im Unterprogramm ab 1800 solange, bis C =0.3 ist.
Für das Ende der Bewegung erfolgt eine Fallunterscheidung. Wenn die Erde ohne Öffnen des Fallschirms erreicht wurde, so erfolgt die Ausgabe "Absturz" (ab 500). Dabei wird der Effekt des Bildschirmflimmerns verwendet (BFLASH 1,1,2 ; BFLASH 0) und ein entsprechendes Auftreffgeräusch erzeugt (Unterprogramm 3000). Wenn die maximal darstellbare Zeit überschritten ist (Abfrage in 300) und der Fallschirmspringer die Erde noch nicht erreicht hat, wird das Programm im Programmteil ab 400 mit der Ausgabe von Höhe, Geschwindigkeit und Zeit beendet. Wenn der Boden mit geöffnetem Fallschirm erreicht wurde (Abfrage in 260), so erfolgt ein Sprung in den Programmteil ab 900. In 900 wird die Größe der Geschwindigkeit abgefragt. Ist diese größer als 7 m/s, so wird das Programm mit der Ausgabe "HARTE LANDUNG" im Programmteil 500 beendet. Andernfalls meldet der Computer "GUT GELANDET!" mit entsprechendem Ton (Unterprogramm 5000).

LISTE DER VERWENDETEN VARIABLEN

H	Absprunghöhe
ZF	Skalenfaktor für die Zeit
SK	Skalenfaktor für die Höhe
TM	Maximalzeit
DT	Zeitschritt
C	Bremsfaktor
X	Höhe
A	Beschleunigung
V	Geschwindigkeit
T	Zeit
A$	Tastaturabfrage, ob Fallschirm geöffnet ist
T$, V$	Angabe von Zeit und Geschwindigkeit
X$	Angabe der Höhe
TT$	festgehaltener Wert der Zeit
VV$	festgehaltener Wert der Geschwindigkeit
XX$	festgehaltener Wert der Höhe
TO	Zeitpunkt des Öffnens
M$	String zur Tonausgabe
LL,AA,KK	Variable zur Tonausgabe

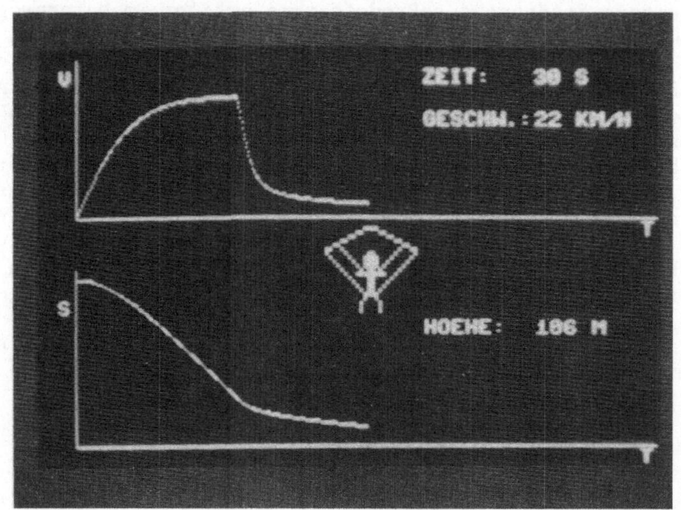

```
5 REM    ****************
6 REM    *  FALLSCHIRM  *
7 REM    ****************
8 :
9 :
10 PRINT"[]"
20 PRINT AT(8,3)"[                    ]"
30 PRINT AT(8,4)"I  FALLSCHIRMSPRINGER  I"
40 PRINT AT(8,5)"[____________________]"
50 PRINT AT(5,10)"ZUM OEFFNEN DES FALLSCHIRMS"
60 PRINT:PRINT"         TASTE 'O'   DRUECKEN"
70 PRINT AT(15,22)"WEITER MIT 'RETURN'"
80 PAUSE 100
90 PRINT"[]":PRINT:PRINT:PRINT
100 INPUT" ABSPRUNGHOEHE (IN M)    1000        ";H
110 PRINT:PRINT
120 INPUT" ZEITFAKTOR    5    ";ZF
130 SK= 80/H:TM=290/ZF
140 DT=.1:C=.003 :X=H
150 GOSUB 1000
160 GOSUB 6000
170 MOB SET 1,32,0,0,0
180 MMOB 1,22,135,22,135,3,200
195 :
196 REM ***        * * *
197 REM *** RECHENSCHLEIFE ***
198 REM ***        * * *
199 :
200 GOSUB 1400
210 T=T+DT
220 X=X-V*DT
230 GET A$:IF A$="O" THEN GOSUB 1700
240 IF T0>0 THEN IF B=0 THEN GOSUB 1800
250 IF T0=0 THEN IF X<=0 THEN 500
260 IF X<=0 THEN X=0:GOTO 900
270 GOSUB 1100
280 Z=Z+1
290 IF INT(Z/10)=Z/10 THEN GOSUB 1200:TT$=T$:VV$=V$:XX$=X$
300 IF T>=TM THEN 400
310 GOSUB 1400
320 GOTO 200
395 :
396 REM ***     * * *
397 REM *** ZEITENDE ***
398 REM ***     * * *
399 :
400 PAUSE 2:MOB OFF 1:MOB OFF 2:HIRES 2,1:POKE 53280,2
410 TM$="NACH "+STR$(TM)+" SEKUNDEN"
420 X=INT(X+.5):TM=INT(TM+.5)
430 H$="IST ER NOCH "+STR$(X)+" M HOCH"
440 TEXT 65,80,TM$,1,2,10
450 TEXT 40,120,H$,1,2,10
460 TEXT 75,160,"NOCH GUTEN FLUG !",1,2,10
470 MOB SET 2,33,5,0,0
480 MMOB 2,150,75,150,75,3,0
490 PAUSE 1000:MOB OFF 2: END
495 :
496 REM ***     * * *
497 REM *** ABSTURZ ***
498 REM ***     * * *
499 :
```

```
500 TEXT 80,100,"HARTE LANDUNG",1,3,12
510 TEXT 200,130,"HOEHE:",0,1,7
520 TEXT 250,130,X$,0,1,7
530 MOB OFF 1:MOB OFF 2
540 BFLASH 1,1,2:GOSUB 3000
550 BFLASH 0
560 PAUSE 100:END
895 :
896 REM ***   * * *
897 REM *** LANDUNG ***
898 REM ***   * * *
899 :
900 MOB OFF 2
910 IF V>7 THEN 500
920 TEXT 70,100,"GUT GELANDET !",1,2,10
930 GOSUB 1200
940 GOSUB 5000
950 PAUSE 1000:END
995 :
996 REM ***        * * *
997 REM *** KOORDINATENSYSTEM ***
998 REM ***        * * *
999 :
1000 HIRES 1,6:POKE 53280,11
1010 LINE 20,80,318,80,1
1020 LINE 20,5,20,80,1
1030 LINE 20,105,20,190,1
1040 LINE 20,190,318,190,1
1050 TEXT 10,10,"V",1,1,7
1060 TEXT 10,120,"S",1,1,7
1070 TEXT 310,82,"T",1,1,7
1080 TEXT 310,192,"T",1,1,7
1090 RETURN
1095 :
1096 REM ***  * * *
1097 REM *** GRAPHIK ***
1098 REM ***  * * *
1099 :
1100 PLOT ZF*T+20,80-V,1
1110 PLOT ZF*T+20,190-SK*X,1
1120 IF T0>0 THEN RLOCMOB 2,ZF*T+22,135,3,0:RETURN
1130 RLOCMOB 1,ZF*T+22,135,3,0
1140 RETURN
1195 :
1196 REM ***       * * *
1197 REM *** HOEHENANGABE ***
1198 REM ***    * * *
1199 :
1200 TEXT 200,10,"ZEIT:",1,1,7
1210 TEXT 200,30,"GESCHW.:",1,1,7
1220 TEXT 200,130,"HOEHE:",1,1,7
1230 T$=TT$+" S"
1240 V$=VV$+" KM/H"
1250 X$=XX$+" M"
1260 TEXT 250,10,T$,0,1,7
1270 TEXT 250,30,V$,0,1,7
1280 TEXT 250,130,X$,0,1,7
1290 T=INT(10*T+0.05)/10
1300 T$=STR$(T)+" S"
1310 V$=STR$(INT(V*3.6+.5))+" KM/H"
1320 X$=STR$(INT(X+.5))+" M"
```

31

```
1330 TEXT 250,10,T$,1,1,7
1340 TEXT 250,30,V$,1,1,7
1350 TEXT 250,130,X$,1,1,7
1360 RETURN
1395 :
1396 REM ***        * * *
1397 REM *** BESCHL./GESCHW. ***
1398 REM ***        * * *
1399 :
1400 A=10-C*V*V
1410 V=V+A*DT/2
1420 RETURN
1695 :
1696 REM ***  * * *
1697 REM *** OEFFNEN ***
1698 REM ***  * * *
1699 :
1700 C=C+.002
1710 MOB OFF 1:MOB SET 2,33,13,0,0
1720 MMOB 2,ZF*T+22,135,ZF*T+22,135,3,200
1730 T0=T
1740 GOSUB 4000
1750 RETURN
1795 :
1796 REM ***  * * *
1797 REM *** BREMSEN ***
1798 REM ***  * * *
1799 :
1800 C=C+.002
1810 IF C>.3 THEN B=1
1820 RETURN
2995 :
2996 REM ***        * * *
2997 REM *** AUFTREFFGERAEUSCH ***
2998 REM ***        * * *
2999 :
3000 LL= 54272
3010 POKE LL+24,15:POKE LL,0
3020 POKE LL+6,200:POKE LL+5,5
3030 POKE LL+4,17
3040 FOR AA=1 TO 7
3050 FOR KK=1 TO 255 STEP 3
3060 POKE LL+1,KK
3070 NEXT:NEXT
3080 POKE LL+4,0
3090 RETURN
3995 :
3996 REM ***          * * *
3997 REM *** TON/FALLSCHIRM-OEFFNEN
3998 REM ***          * * *
3999 :
4000 VOL 15
4010 WAVE 1,00010000
4020 ENVELOPE 1,4,2,12,4
4030 M$=":1A5IC5IG5IG"
4040 MUSIC 9,M$
4050 PLAY 1
4060 VOL 0
4070 RETURN
4995 :
```

```
4996 REM ***     * * *
4997 REM *** TON/LANDUNG ***
4998 REM ***     * * *
4999 :
5000 VOL 15
5010 WAVE 1,00010000
5020 ENVELOPE 1,4,2,12,4
5030 M$="⊐1A5█A4█A3█⊐G"
5040 MUSIC 9,M$
5050 PLAY 1
5060 RETURN
5995 :
5996 REM ***     * * *
5997 REM ***   SPRITES  ***
5998 REM ***     * * *
5999 :
6000 DESIGN 0,32*64+49152      6300 DESIGN 0,33*64+49152
6010 @.........B....B.........  6310 @.........BBBB..........
6020 @.........B....B.........  6320 @.......BB....BB........
6030 @.........B....B.........  6330 @.....BB........BB......
6040 @.........B..B...........  6340 @...BB............BB....
6050 @.........BB............   6350 @..BB..............BB..
6060 @.........BB............   6360 @BB..B............B..BB
6070 @........BBBB...........   6370 @B....B.....BB.....B....B
6080 @........BBBB...........   6380 @.B....B...BBBB...B....B.
6090 @........BBBB...........   6390 @..B....B..BBBB..B....B..
6100 @.......BBBBBBBB........   6400 @...B....B.BBBB.B....B...
6110 @.........BB...........   6410 @....B....B.BB.B....B....
6120 @........BBBB...........  6420 @.....B..BBBBBBBB..B.....
6130 @........BBBB...........  6430 @......B....BB....B......
6140 @........BBBB...........  6440 @.......B...BB...B.......
6150 @.........BB...........   6450 @........B..BB..B........
6160 @.......................  6460 @.........B.BB.B.........
6170 @.......................  6470 @.........BBBB...........
6180 @.......................  6480 @.........B..B...........
6190 @.......................  6490 @.........B....B.........
6200 @.......................  6500 @.........B....B.........
6210 @.......................  6510 @.........B....B.........
                               6520 RETURN
```

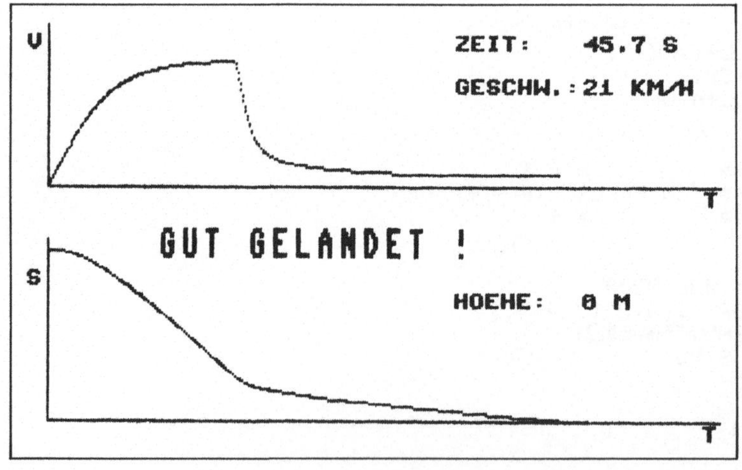

6. ACAPULCO - SPRINGER

PROBLEMSTELLUNG

Die Anregung zu diesem Programm war die Frage, wieweit die waghalsigen Springer in Acapulco, die aus großer Höhe ins Wasser springen, eintauchen. Hat die Absprunghöhe großen Einfluß? Für unterschiedliche Höhen und Absprunggeschwindigkeiten wird die Bewegung des Springers simuliert.

PHYSIKALISCHE GRUNDLAGEN - PROGRAMMAUFBAU

Bei der Bewegung in Luft ist der Luftwiderstand nur für kleine Geschwindigkeiten vernachlässigbar. Weil der Springer bei einer Absprunghöhe über 10 m eine Endgeschwindigkeit von mehr als 50 km/h erreicht, ist der Luftwiderstand bei seiner Bewegung zu berücksichtigen. Da bei der Fallbewegung in Luft eine konstante Endgeschwindigkeit von etwa 70 m/s erreicht wird, wird die Beschleunigung (Erdbeschleunigung $g = 9{,}81\ m/s^2$) um den Korrekturterm $-10.v^2/u^2$ erweitert, wobei v die augenblickliche Geschwindigkeit ist. Die Absprunggeschwindigkeit VO und der Absprungwinkel AL können beliebig gewählt werden. Daraus werden dann die Vertikalkomponente VV und die Horizontalkomponente VH der Geschwindigkeit berechnet:

VV = VO*SIN(AL)   VH = VO*COS(AL)

Da die Bewegung zu Beginn entgegengesetzt zur Fallrichtung erfolgt, wird VV zunächst mit negativem Vorzeichen versehen. Die Bewegung wird in kleinen Zeitintervallen schrittweise durchgerechnet. Dabei wird in jedem Zeitintervall die Beschleunigung F berechnet und mit ihrer Hilfe die Geschwindigkeit um F*DT vergrößert. Dabei handelt es sich um die Vertikalkomponente V der Geschwindigkeit. Die Horizontalkomponente VH bleibt während der gesamten Bewegung gleich, da der Einfluß des Luftwiderstandes für diese geringe Geschwindigkeit vernachlässigt werden kann. Mit Hilfe der Geschwindigkeit werden die Ortskoordinaten des Springers berechnet.
Beim Eintauchen ändert sich die Beschleunigung. Als bremsender Faktor ist nun besonders der Auftrieb zu berücksichtigen, aber auch der Reibungswiderstand des Wassers, dessen Dichte ja rund 1000 mal so groß wie die Dichte der Luft ist. Der Reibungswiderstand ist stets der Bewegungsrichtung und damit der Geschwindigkeitsrichtung entgegengesetzt und proportional zum Quadrat der Geschwindigkeit. Der Reibungskoeffizient kann mit 0,8 angesetzt werden, der Einfluß des Vorzeichens wird durch V*ABS(V) berücksichtigt. Woraus sich der Reibungskoeffizient 0,8 zusammensetzt, kann man dem Programm "FALLSCHIRM-SPRINGER" entnehmen. Statt einer Beschleunigung von $g = 9{,}81\ m/s^2$ erhält man auf Grund des Auftriebs nur ca. $g = 1\ m/s^2$. Der Weg des Springers wird nur bis zum Wiederauftauchen verfolgt, wobei eventuelle Schwimmbewegungen nicht berücksichtigt werden. Als Auflockerung werden Sprites, die den Springer in den einzelnen Bewegungsphasen zeigen, mitbewegt.
In einer zweiten Grafikseite wird in einem Diagramm die Höhe des Springers gegen die Zeit aufgetragen und ein Geschwindigkeits - Zeit - Diagramm angefertigt. Wenn man mit dem Hilfsprogramm GDUMP arbeitet, kann man zum Vergleichen zwischen den Bildern hin- und herblättern.

HINWEISE ZUR PROGRAMMGESTALTUNG

Zu Beginn des Programms wird man daran erinnert, das Hilfsprogramm GDUMP zu laden. Das Programm läuft jedoch auch ohne dieses Hilfsprogramm, nur kann man dann die erste Grafikseite nicht wieder zurückholen. Falls GDUMP schon eingeladen war, (Abfrage nach Inhalt der ersten Speicherstelle in 60), wird die Erinnerung unterlassen.

Die Eingaben von Absprunghöhe, Absprunggeschwindigkeit und Absprungwinkel erfolgen ab Zeile 100. Der Zeitschritt ist mit DT = 0.05 Sekunden festgelegt,
die Endgeschwindigkeit für den Fall mit Luftwiderstand mit U = 70 m/s (130).
Der Skalenfaktor K für die Höhe ist ebenfalls festgelegt. Da die Y-Koordinate
und die Geschwindigkeit des Springers (Vertikalkomponente) als eindimensionales Feld für die 2. Grafikseite festgehalten werden, erfolgt eine für alle
Fälle ausreichnde Dimensionierung in 180. Die Anfangskoordinaten XS und YS
für den Bildschirm werden in 200 berechnet. Im Unterprogramm ab 1600 erfolgt
die Zeichnung des "Sprungfelsens" und des "Wasserbeckens". Es wird im
Multicolour- Modus gezeichnet. Aus dem Unterprogramm ab 3000 werden die
Sprites geladen. Im Unterprogramm 2500 wird Sprite 0 (Absprungphase) gesetzt.
In 300 beginnt die Rechenschleife für die Bewegung in Luft. Die Y-Koordinate
des Springers ist zu Beginn gleich der Absprunghöhe und wächst zunächst, weil
die Vertikalkomponente der Geschwindigkeit negativ ist. Die X-Koordinate wird
in jedem Zeitintervall um den Wert VH*DT größer.
Im Unterprogramm ab 2000 erfolgt die grafische Darstellung der Bahnkurve,
nachdem die Bildschirmkoordinaten XS und YS berechnet wurden. Für jeden 10.
Rechenschritt (Zählvariable Z) wird die augenblickliche Höhe gerundet als Y$
angegeben und als YY$ für den späteren Löschbefehl (2050) festgehalten. Die
Nummer des mitbewegten Sprites wird durch die Abfragen 2100 - 2120 ermittelt.
Während sich der Springer noch in der Luft bewegt (Eintauchgeschwindigkeit
VE = 0), wird zunächst Sprite 0 bewegt solange V negativ ist (Absprungphase).
Wenn das Vorzeichen von V positiv wird und V kleiner als 2.5 m/s ist, wird
Sprite 1 bewegt (Umkehrphase). Gesetzt wird Sprite 1 im Unterprogramm ab
2600, wo auch Sprite 0 gelöscht wird. Dieses Unterprogramm wird in 380 beim
Vorzeichenwechsel einmal aufgerufen (Flag C). Wenn V größer als 2.5 m/s wird,
wird im Unterprogramm ab 2700 Sprite 2 gesetzt und Sprite 1 gelöscht. Aufgerufen wird dieses Unterprogramm durch Zeile 390 und Flag B. Beim Eintauchen
des Springers (dann ist Y ≤ 0) wird die Eintauchgeschwindigkeit VE festgehalten und die Rechenschleife 300 - 410 verlassen (Abfrage in 370).
Für die Bewegung des Springers im Wasser wird die Beschleunigung nach einer
anderen Formel berechnet (510), die übrigen Größen werden wie in der ersten
Rechenschleife ermittelt. Die Tauchtiefe wird als TT festgehalten. Abgefragt
wird, ob der jeweils festgehaltene Wert der Y-Koordinate YE kleiner als die
aktuelle Y-Koordinate ist (580). In diesem Fall wird wieder Sprite 0 gesetzt,
wodurch der nach oben schwimmende Springer angedeutet werden soll.
Bei Erreichen der Wasseroberfläche (Y ≥ 0) wird in den Programmteil ab 800
gesprungen. Die Tauchtiefe (gerundeter Wert Z$) und die Eintauchgeschwindig-
keit (V$) werden angegeben. Der Schleifenendwert wird als ZE festgehalten.
Falls das Programm GDUMP eingeladen ist, wird mit SYS 828 das Maschinenprogramm aufgerufen, das das 1. Bild speichert (910). Danach wird die 2. Grafikseite angefertigt. Im Programmteil ab 1000 werden die beiden Koordinatensys-
teme gezeichnet. Dabei wird die Variable Q immer wieder für Marken auf den
Koordinatenachsen verwendet.
Das 2. Bild wird ab 1300 gezeichnet, wobei die Skalenfaktoren für Zeit, Höhe
und Geschwindigkeit in 1300 festgelegt sind. Aus den als Feld gespeicherten
Werten für Höhe und Geschwindigkeit werden die entsprechenden Bildschirmkoordinaten berechnet (1340, 1350) und in 1360 und 1370 gezeichnet.
Ohne GDUMP endet das Programm nach Durchlaufen der Schleife mit der früheren
Zählvariablen Z bis ZE. Andernfalls wird mit SYS 831 das Maschinenprogramm
zur Speicherung des 2. Bildes aufgerufen. Beim "Zurückblättern" ab 1410 wird
das 1.Bild in 1420 durch SYS 834 zurückgeholt und auch wieder Sprite 0 gesetzt. Mit "RETURN" kann fortgesetzt werden und mit SYS 837 das 2. Bild
erneut sichtbar gemacht werden. Das Programm kann nur durch RUN/STOP und
RESTORE abgebrochen werden.

LISTE DER VERWENDETEN VARIABLEN

H	Absprunghöhe
VO	Anfangsgeschwindigkeit
AL	Absprungwinkel
DT	Zeitschritt
U	Endgeschwindigkeit bei freiem Fall in Luft
VV, VH	Vertikal- und Horizontalkomponente der Anfangsgeschwindigkeit
V	Vertikalkomponente der Geschwindigkeit (in der Rechenschleife)
X, Y	Koordinaten des Springers
K	Skalenfaktor für die Höhe
XS, YS	Bildschirmkoordinaten des Springers
Q	Variable für Marken auf Koordinatenachsen
YM	Anfangskoordinate für Sprite
T	Zeit
F	Beschleunigung
Y$	Beschriftung der Höhe
YA, YY$	festgehaltene Werte von Ys und Y$
Z	Zählvariable
B, C	Flags
VE	Eintauchgeschwindigeit
TT	tauchtiefe
V$, Z$	Beschriftung von Eintauchgeschwindigkeit und Tauchtiefe
YE	festgehaltener Wert der Y-Koordinate
ZE	Endwert der Zählvariablen Z
H$	Beschriftung der Absprunghöhe
SK,SH,SV	Skalenfaktoren für Zeit, Höhe und Geschwindigkeit
TS,HS,VS	Bildschirmkoordinaten für Zeit, Höhe und Geschwindigkeit

```
5 REM     ********************
6 REM     *  ACAPULCOSPRINGER  *
7 REM     ********************
8 :
9 :
10 PRINT"◻"
20 PRINT AT(9,4)"┌─────────────────────┐"
30 PRINT AT(9,5)"│  ACAPULCOSPRINGER   │"
40 PRINT AT(9,6)"└─────────────────────┘"
50 PRINT AT(6,12)"WIE TIEF TAUCHT ER EIN ? ? ?"
60 IF PEEK(828)=76 THEN 90
70 PRINT CHR$(28):PRINT AT(10,17)"G D U M P  LADEN !"
80 FLASH 2,9:PAUSE 2: OFF
90 PRINT CHR$(144):PRINT AT(29,23)"'RETURN'":PAUSE 100:PRINT"◻":PRINT:PRIN
95 :
96 REM *** * * *
97 REM *** EINGABE ***
98 REM *** * * *
99 :
100 INPUT" ABSPRUNGHOEHE (M)    20█████";H:PRINT
110 INPUT" ABSPRUNGGESCHW.(M/S)   3████";V0:PRINT
120 INPUT" ABSPRUNGWINKEL     70█████";AL
130 DT=.05:U=70
140 AL=π/180*AL
150 VV=V0*SIN(AL):VH=V0*COS(AL)
160 V=-VV:X=0:Y=H
170 K=6
180 DIMY(300):DIMV(300)
190 GOSUB 1600
200 XS=45:YS=170-K*Y
210 GOSUB 3000
220 YM=YS+30:GOSUB 2500
295 :
296 REM ***          * * *
297 REM *** RECHENSCHLEIFE / LUFT ***
298 REM ***          * * *
299 :
300 T=T+DT
310 F=9.81*(1-V*V/(U*U))
320 Y=Y-V*DT
330 X=X+VH*DT
340 V=V+F*DT
350 GOSUB 2000
360 Y(Z)=Y:V(Z)=V
370 IF Y<=0 THEN VE=V:GOTO 500
380 IF V>=0 THEN IF C=0 THEN GOSUB 2600:C=1
390 IF V>=2.5 THEN IF B=0 THEN GOSUB 2700:B=1
410 GOTO300
495 :
496 REM ***          * * *
497 REM *** RECHENSCHLEIFE / WASSER ***
498 REM ***          * * *
499 :
500 T=T+DT
510 F=-.8*V*ABS(V)-1
520 Y=Y-V*DT
530 X=X+VH*DT
540 V=V+F*DT
560 IF Y>=0 THEN 800
570 GOSUB2000
580 IF YE<=Y THEN IF TT=0 THEN TT=YE:YM=YS+45:MOB OFF 2:GOSUB 2500
```

```
670 YE=Y
680 Y(Z)=Y:V(Z)=V
690 GOTO 500
795 :
796 REM ***      * * *
797 REM *** BEWEGUNGSENDE ***
798 REM ***      * * *
799 :
800 Z$=STR$(-.1*INT(10*TT))+" M"
810 TEXT 65,0,"TAUCHTIEFE",1,1,8
820 TEXT 80,15,Z$,1,1,8
830 TEXT 0,YA,YY$,0,1,8
840 TEXT 10,170,"0 M",1,1,8
850 V$=STR$(.1*INT(10*VE))+" M/S"
860 TEXT 80,45,"GESCHW.",1,1,8
870 TEXT 75,60,V$,1,1,8
880 ZE=Z
890 TEXT 100,110,"'RETURN'",2,1,7:PAUSE 1000
900 MOB OFF 0
910 IF PEEK(828)=76 THEN SYS 828:REM * BILD 1 GESPEICHERT *
995 :
996 REM ***        * * *
997 REM *** KOORD.SYSTEM 2.BILD ***
998 REM ***        * * *
999 :
1000 HIRES 1,11: MULTI 1,5,8
1010 LINE 10,5,10,200,1
1020 LINE 10,170,80,170,1
1030 LINE 90,5,90,200,1
1040 LINE 90,170,160,170,1
1050 TEXT 0,3,"H",1,1,6
1060 TEXT 80,3,"V   ( M/S)",1,1,6
1070 TEXT 75,180,"T",1,1,6
1080 TEXT 150,180,"T",1,1,6
1090 Q=170-K*H
1100 H$=STR$(H)+" M"
1110 TEXT 18,Q,H$,1,1,6
1120 Q=170-INT(K*VE)
1130 LINE 87,Q,93,Q,1
1140 V$=STR$(INT(VAL(V$)))
1150 TEXT 65,Q,V$,1,1,6
1160 Z$=STR$(INT(VAL(Z$)))
1170 Q=INT(170-6*TT)
1180 LINE 7,Q,13,Q,1
1190 TEXT 0,Q-9,Z$,1,1,2
1200 FOR Q=10 TO 60 STEP 10
1210 LINE 10+Q,168,10+Q,172,1
1220 LINE 90+Q,168,90+Q,172,1
1230 NEXT Q
1240 TEXT 17,185,"1",1,1,6
1250 TEXT 97,185,"1",1,1,6
1295 :
1296 REM ***    * * *
1297 REM ***  2. BILD  ***
1298 REM ***    * * *
1299 :
1300 T=0:SK=10:SH=K:SV=K
1310 FOR Z=0 TO ZE
1320 T=T+DT
1330 TS=10+SK*T
1340 HS=170-SH*Y(Z)
```

```
1350 VS=170-SV*V(Z)
1360 PLOT TS,HS,2:PLOT TS+80,VS,3
1370 NEXT Z
1380 IF PEEK(828)<>76 THEN PAUSE 1000:END
1390 TEXT 105,190,"'RETURN'",2,1,7:PAUSE 1000
1400 SYS 831:REM * 2.BILD GESPEICHERT *
1405 :
1406 REM ***      * * *
1407 REM *** UMBLAETTERN ***
1408 REM ***      * * *
1409 :
1410 HIRES 1,11:MULTI 1,5,6
1420 SYS 834:REM * 1.BILD ZURUECK *
1430 MOB SET 0,16,8,0,0
1440 MMOB 0,2*(30+XS),YS+45,2*(30+XS),YS+45,0,1
1450 TEXT 100,110,"'RETURN'",2,1,7:PAUSE 1000
1460 HIRES 1,11:MULTI 1,5,8
1470 SYS 837:REM * 2.BILD ZURUECK *
1480 TEXT 105,190,"'RETURN'",2,1,7:PAUSE 1000
1490 GOTO 1410
1595 :
1596 REM ***          * * *
1597 REM *** KOORD.SYSTEM 1.BILD ***
1598 REM ***          * * *
1599 :
1600 HIRES 1,11:MULTI1,5,6
1610 POKE 53280,11:POKE 53281,11
1620 Q=170-K*H
1630 IF Q<0 THEN K=3:GOTO 1620
1640 LINE 44,Q,44,200,1
1645 LINE 45,Q,45,200,1
1646 REC 47,170,113,30,3
1647 PAINT 50,180,3
1655 TEXT 5,0,"HOEHE",1,1,8
1660 TEXT 12,10,"(M)",1,1,8
1670 TEXT 12,10,"(M)",1,1,8
1800 RETURN
1995 :
1996 REM ***          * * *
1997 REM *** GRAFIK / SPRINGER ***
1998 REM ***          * * *
1999 :
2000 XS=K*X+45
2010 YS=170-K*Y
2020 PLOT XS,YS,2
2030 IF INT(Z/10)<>Z/10 THEN2100
2040 Y$=STR$(.1*INT(10*Y+.5))
2050 IF Z>0 THEN TEXT 0,YA,YY$,0,1,8
2060 TEXT 0,YS,Y$,1,1,8
2070 YA=YS:YY$=Y$
2100 IF VE=0 THEN IF V<=0 THEN RLOCMOB 0,2*(30+XS),YS+30,0,0
2110 IF VE=0 THEN IF V>=0 THEN IF V<1.5 THEN RLOCMOB 1,2*(30+XS),YS+30,0,0
2120 IF TT=0 THEN IF V>=2.5 THEN RLOCMOB2,2*(30+XS),YS+45,0,1
2130 IF TT<>0 THEN RLOCMOB 0,2*(30+XS),YS+45,0,1
2200 Z=Z+1
2210 RETURN
2495 :
```

```
2496 REM ***        * * *
2497 REM *** SPRITES SETZEN ***
2498 REM ***        * * *
2499 :
2500 MOB SET 0,16,8,0,0
2510 MMOB 0,2*(30+XS),YM,2*(30+XS),YM,0,1
2520 RETURN
2600 MOB OFF 0
2610 MOB SET 1,17,8,0,0
2620 MMOB 1,2*(30+XS),YS+30,2*(30+XS),YS+30,0,1
2630 RETURN
2700 MOB OFF 1
2710 MOB SET 2,18,8,0,0
2720 MMOB 2,2*(30+XS),YS+45,2*(30+XS),YS+45,0,1
2730 RETURN
2995 :
2996 REM ***    * * *
2997 REM ***   SPRITES   ***
2998 REM ***    * * *
2999 :
3000 DESIGN 0,16*64+49152
3009 @......................B..
3010 @..............BBB...B...
3011 @.............B..BB.B....
3012 @.............B...BB.....
3013 @.............B..BB......
3014 @............BBB........
3015 @..........BBBBB........
3016 @........B.BBBB........
3017 @........B.BBB.........
3018 @......B...B..........
3019 @......B..B...........
3020 @.....BBBB............
3021 @.....BBB.............
3022 @.....BB..............
3023 @....BB...............
3024 @...BBB...............
3025 @...BB................
3026 @..BB.................
3027 @.BB..................
3028 @.B...................
3029 @.....................
4000 DESIGN 0,17*64+49152          5000 DESIGN 0,18*64+49152
4009 @........BBBBB.........        5009 @........BB..............
4010 @.......B...BBBB.......        5010 @........BB..............
4011 @......B....BBBBB......        5011 @........BB..............
4012 @......B..B....BBB.....        5012 @........BB..............
4013 @....BBBB.....BBBB.....        5013 @.......BB..............
4014 @....BBB.......BBBB....        5014 @.......BB..............
4015 @....BB.........BBBB...        5015 @......BBB..............
4016 @...BB.........B...B...        5016 @......B..B..............
4017 @..BBB...........B..B..        5017 @.......B..B..............
4018 @..BB............B.B...        5018 @.......B..B..............
4019 @.BB.............B....        5019 @.......BBB..............
4020 @BB.............B....        5020 @......BBB..............
4021 @B.............B...        5021 @.......BBB..............
4022 @.............B...        5022 @.......BBB..............
4023 @............B....        5023 @.......B.B..............
4024 @...................        5024 @......B...B..............
4025 @...................        5025 @......BBB..............
4026 @...................        5026 @.......BB..............
4027 @...................        5027 @.......BB..............
4028 @...................        5028 @.......BB..............
4029 @...................        5029 @.......B..............
                                    5030 RETURN
```

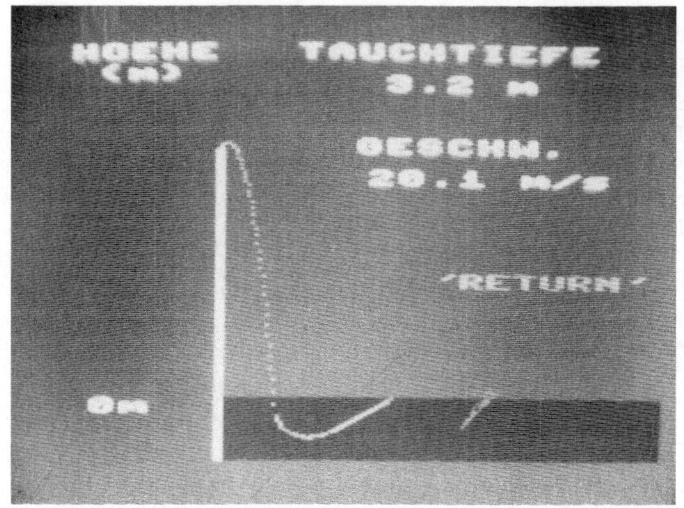

HOEHE
(M)
TAUCHTIEFE
3.2 M
GESCHW.
20.1 M/S
'RETURN'
0 M

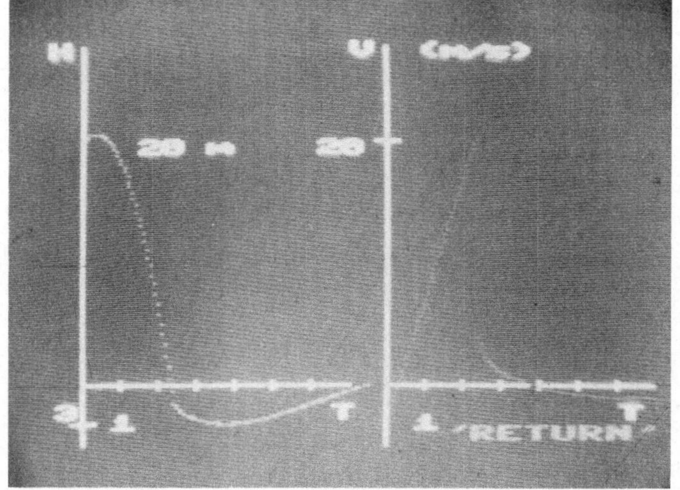

H
U (M/S)
20 M
20
2 1
T
1 'RETURN'
T

7. BAROMETRISCHE HÖHENFORMEL

PROBLEMSTELLUNG

Der Luftdruck nimmt mit zunehmender Höhe ab. Diese Abnahme erfolgt nicht
gleichmäßig, sondern wird immer geringer. Das Programm soll zeigen, wie sich
der Druck bei einem Gas mit größerer Dichte (hier Kohlendioxid) ändert.

PHYSIKALISCHE GRUNDLAGEN - PROGRAMMAUFBAU

Für den Luftdruck p in der Höhe h gilt die barometrische Höhenformel

$$p = p_0 \cdot e^{- \dfrac{\rho_0 \cdot g \cdot h}{p_0}}$$

p. ... Druck in Meereshöhe
ρ_0 ... Dichte der Luft in Meereshöhe bei 0 Grad C
g .... Erdbeschleunigung

Die Abnahme des Luftdrucks erfolgt also entsprechend einer Exponentialfunktion. Für die Dichte in der jeweiligen Höhe gilt die Beziehung

$$\frac{p}{p_0} = \frac{\rho}{\rho_0} \qquad \text{oder} \qquad \rho = \frac{\rho_0}{p_0} \cdot p$$

Sie ist also proportional zum Druck.
Da die Dichte von Kohlendioxid größer als die Dichte von Luft ist, erfolgt
die Druckabnahme mit zunehmender Höhe rascher. Dies würde sich bei einer
Atmosphäre aus Kohlendioxid so auswirken, daß die Teilchendichte nach oben zu
geringer wäre als dies in Luft der Fall ist.
Das Programm zeigt sowohl die beiden Exponentialfunktionen, als auch eine
Simulation der Teilchendichten. Auf Meeresniveau wird der gleiche Druck von
1013 mbar vorgegeben. Dabei werden im Bereich 0 - 15 km in gleichen Be-
reichen mit Hilfe der Zufallsfunktion Teilchen dargestellt, deren Anzahl dem
jeweiligen Druck proportional ist. Das Verhältnis der Teilchenzahlen wird als
Druckverhältnis ebenfalls angegeben.
Das Programm läßt sich natürlich in mehrfacher Hinsicht erweitern. Man könnte
noch weitere Gase mit Luft vergleichen oder die Bewegung der Teilchen auf
Grund ihrer mittleren Geschwindigkeit darstellen. Das Programm soll in dieser
Form nur als Anregung dienen.

HINWEISE ZUR PROGRAMMGESTALTUNG

Die einzige Eingabe ist die Schrittweite der Höhenstufen,in denen der Druck
errechnet wird (110). Ausgegangen wird vom Luftdruck in Meereshöhe, sowohl
für Luft (PO) als auch für Kohlendioxid (QO). Die Dichte von Luft wird mit
RO, die Dichte von Kohlendioxid mit RK bezeichnet. Die Skalenfaktoren sind
hier im Programm festgelegt (160). In der Rechenschleife 300 - 370 werden für
Luft und für Kohlendioxid die beiden Exponentialfunktionen berechnet und
grafisch dargestellt. Das Koordinatensystem wird in 2000 gezeichnet, die
Darstellung der Kurven erfolgt in 3000. Der Druck von Luft und Kohlendioxid
in jedem Höhenschritt wird als Feld gespeichert. Der Luftdruck wird mit P
bezeichnet, der Druck im Kohlendioxid mit Q. Bei Erreichen der Höhe 15 000 m
wird der Endwert des Schleifenzählers I als IE festgehalten und in die
Programmzeile 500 gesprungen.

Der Benutzer wird aufgefordert, mit 'RETURN' die Pause zu beenden und das Programm fortsetzen zu lassen (500).
Nun werden zwei Gefäße dargestellt, deren Höhe 15 km entsprechen soll (1000). Die Teilchendichte, abhängig vom jeweiligen Druck wird als Grundlage einer Zufallsfunktion benützt, um eine gewisse Anzahl von Teilchen im Gefäß darzustellen. Der Druck in einer bestimmten Höhe liegt als Feld P(I) für die Luft bzw. Q(I) für Kohlendioxid gespeichert vor. Außerdem wird das Verhältnis V der Teilchenzahlen angegeben. Diese grafische Darstellung erolgt im Multicolour-Modus.

LISTE DER VERWENDETEN VARIABLEN

DH	Schrittweite für die Höhe
RO	Dichte der Luft auf Meeresniveau
RK	Dichte von Kohlendioxid in Meereshöhe
PO, P	Luftdruck
QO, Q	Druck des Kohlendioxids
G	Erdbeschleunigung
SK	Skalenfaktor für den Druck
SH	Skalenfaktor für die Höhe
J, JJ, T	Schleifenvariable (Skaleneinteilung auf den Koordinatenachsen)
P\$, T\$	Beschriftung der Koordinatenachsen
K, L	Faktoren für die Exponenten der Exponentialfunktionen
S, PS, QS	Bildschirmkoordinaten für die Funktionen
H	Höhe
I	Schleifenzähler
IE	Endwert des Schleifenzählers
DY	Schichtbreite im Gefäß
YO	Abstand vom Gefäßboden
XV, V\$	Verhältnis der Teilchenzahlen
ZL	Zahl der Luftteilchen
ZC	Zahl der Kohlendioxidteilchen
A,B, X,Y	Koordinaten der Teilchen im Gefäß

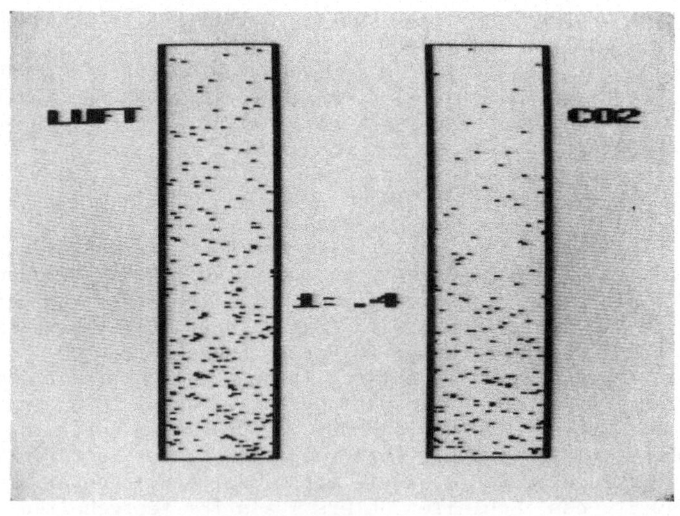

```
5 REM     ********************
6 REM   *  HOEHENFORMEL   *
7 REM     ********************
8 :
9 :
10 PRINT"⬛":POKE 53280,1:POKE 53281,1
20 PRINT AT(11,4)"┌──────────────────┐"
30 PRINT AT(11,5)"I  HOEHENFORMEL   I"
40 PRINT AT(11,6)"└──────────────────┘"
50 PRINT AT(2,10)"DIE VERTEILUNG VON KOHLENDIOXID UND"
60 PRINT AT(2,12)"LUFT WIRD VERGLICHEN."
70 PRINT AT(2,14)"DIE DICHTE VON KOHLENDIOXID IST"
80 PRINT AT(2,16)"GROESSER ALS DIE DICHTE DER LUFT."
90 PRINT AT(2,18)"IN GROESSERER HOEHE NIMMT DAHER DIE"
100 PRINT AT(2,20)"KONZENTRATION VON CO2 AB.":PRINT:PRINT
110 INPUT"SCHRITTWEITE (HOEHENDIFFERENZ)   500⬛⬛⬛⬛⬛⬛";DH
120 R0=1.29:RK=1.95
130 P0=101300:P=P0
140 Q0=101300:Q=Q0
150 G=9.81
160 SK=.0016:SH=.008
170 GOSUB 2000
180 K=G*R0/P0
190 L=G*RK/Q0
200 Y0=0
210 DIM P(500):DIM Q(500)
220 DY=DH*200/15000
295 :
296 REM ***        * * *
297 REM *** RECHENSCHLEIFE ***
298 REM ***        * * *
299 :
300 GOSUB 3000
310 H=H+DH
320 I=I+1
330 P=P0*EXP(-K*H)
340 Q=Q0*EXP(-L*H)
350 P(I)=P:Q(I)=Q
360 IF H=15000 THEN IE=I:GOTO 500
370 GOTO 300
495 :
496 REM ***     * * *
497 REM *** VERTEILUNG ***
498 REM ***     * * *
499 :
500 TEXT 105,80,"<RETURN>",3,1,6
510 PAUSE 1000
520 GOSUB 1000
530 FOR I=1TO IE
540 P=P(I):Q=Q(I)
550 V=.1*INT(10*Q/P+.5)
560 GOSUB 1200
570 NEXT I
595 :
596 REM ***    * * *
597 REM ***  E N D E  ***
598 REM ***    * * *
599 :
600 PAUSE 1000:END
```

```
995 :
996 REM ***        * * *
997 REM *** BEGRENZUNGSLINIEN ***
998 REM ***        * * *
999 :
1000 HIRES 1,0: MULTI 0,2,6:POKE 53280,1:POKE 53281,1
1010 LINE 30,0,30,200,1
1020 LINE 30,200,60,200,1
1030 LINE 60,200,60,0,1
1040 LINE 30,0,60,0,1
1050 LINE 100,0,100,200,1
1060 LINE 100,200,130,200,1
1070 LINE 130,200,130,0,1
1080 LINE 130,0,100,0,1
1090 TEXT 0,30,"LUFT",3,1,6
1100 TEXT 135,30,"CO2",2,1,6
1110 V$=STR$(INT(1.95/1.29))
1120 RETURN
1195 :
1196 REM ***   * * *
1197 REM ***   GRAFIK ***
1198 REM ***   * * *
1199 :
1200 ZL=INT(P/5000)
1210 TEXT 72,120,V$,0,1,6
1220 TEXT 64,120,"1:",1,1,6
1230 V$=STR$(V)
1240 TEXT 72,120,V$,1,1,6
1250 FOR J=1 TO ZL
1260 A=INT(30*RND(1))
1270 B=INT(DY*RND(1))+Y0
1280 X=A+30:Y=200-B
1290 IF Y<=0 THEN 1310
1300 PLOT X,Y,3
1310 NEXT J
1400 ZC=INT(Q/5000)
1410 FOR J=1 TO ZC
1420 A=INT(30*RND(1))
1430 B=INT(DY*RND(1))+Y0
1440 X=A+100
1450 Y=200-B
1460 IF Y<=0 THEN 1480
1470 PLOT X,Y,2
1480 NEXT J
1490 Y0=Y0+DY
1500 RETURN
1995 :
1996 REM ***        * * *
1997 REM *** KOORDINATENSYSTEM ***
1998 REM ***        * * *
1999 :
2000 HIRES 1,0:MULTI 2,5,11
2010 LINE 35,10,35,180,3
2020 LINE 35,180,160,180,3
2030 TEXT 100,10,"LUFT",1,1,8
2040 TEXT 100,30,"CO2",2,1,8
2050 TEXT 40,5,"MBAR",3,1,8
2060 FOR J=1 TO 8
2070 JJ=180-J*20
2080 LINE 32,JJ,38,JJ,3
2090 P$=STR$(J*125)
```

```
2100 TEXT 0,JJ-7,P$,3,1,7
2110 NEXT J
2120 FOR J=35 TO 160 STEP 20
2130 T=(J-35)/(SH*1000):T$=STR$(T)
2140 IF T/5<>INT(T/5) THEN 2160
2150 TEXT J-16,190,T$,3,1,7
2160 LINE J,177,J,183,3
2170 NEXT J
2180 RETURN
2995 :
2996 REM ***          * * *
2997 REM *** EXPONENTIALFUNKTION ***
2998 REM ***          * * *
2999 :
3000 XS=33+SH*H:PS=178-SK*P:QS=178-SK*Q
3010 TEXT XS,PS,".",1,1,8
3020 TEXT XS,QS,".",2,1,8
3030 RETURN
```

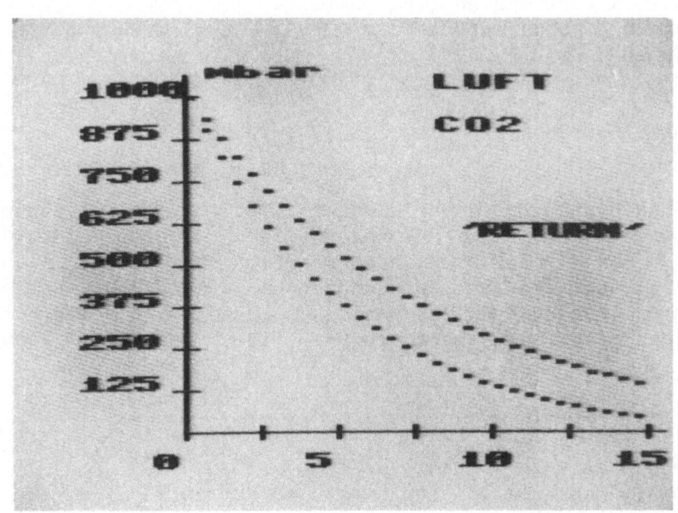

8. P-V-T - DIAGRAMME

PROBLEMSTELLUNG

Die Lösungen der van-der-Waalsschen Zustandsgleichung werden auf verschiedene Art dargestellt. Es können die Isothermen, Isochoren und Isobaren entweder in einem zweidimensionalen V-p-, T-p- oder V-T-Diagramm oder in einem dreidimensionalen p-V-T-Diagramm abgebildet werden.

PHYSIKALISCHE GRUNDLAGEN - PROGRAMMAUFBAU

Für reale Gase gilt die van-der-Waalssche Zustandsgleichung:

$$(p + \frac{a}{V^2}).(V - b) = R . T$$

wobei folgende Bezeichnungen verwendet werden:

p .... Druck   b ... Eigenvolumen der Moleküle
a/V .. Binnendruck (auf die Anziehungskräfte
        der Moleküle zurückzuführen)   R ... Gaskonstante
V .... Molvolumen   T ... Temperatur

Für Kohlendioxid betragen $a = 3,6 . 10^5 \ Pa.m^6/kmol^2$

$$b = 4,275 . 10^{-2} \ m^3/kmol$$

Die van-der-Waalssche Zustandsgleichung ist eine Gleichung mit drei Variablen. Gesucht sind die Kurven, auf denen jeweils eine der Variablen konstant ist. Man erhält sie, indem man eine der beiden nicht konstanten Variblen in Abhängigkeit von der anderen nicht konstanten Variablen bringt. Da das Volumen aus der van-der-Waalschen Zustandsgleichung nur als Lösung einer kubischen Gleichung herauszulösen ist, muß man T und p explizit ausdrücken:

$$T = \frac{(p + \frac{a}{V^2}).(V - b)}{R} \qquad p = \frac{R . T}{(V - b)} - \frac{a}{V^2}$$

Diese Gleichungen sind in den Zeilen 20030, 21010, 21040 und 22030 angewandt. Die Isothermen, Isochoren und Isobaren sind Kurven in einem dreidimensionalen p-V-T-Diagramm. Die Diagramme werden parallel auf die Bildschirmebene projiziert. Allgemeine Überlegungen ergeben für die Parallelprojektion aus einem Raum mit den Koordinaten x,y,z auf eine Ebene mit den Koordinaten h,v unter Verwendung der in der Skizze erklärten Winkel α und β die Gleichung:

```
h= x.(-sin(β))        + y.cos(β)              + z.0  ,
v= x.cos(β).(-sin(α)) + y.sin(β).(-sin(α)) + z.cos(α).
```
Siehe 50000-50010.

In Ermangelung eines geeigneten Rechenverfahrens wird auf die Darstellung des
realen Kurvenverlaufes im Sättigungsgebiet verzichtet und in diesem Gebiet
der Zustand einer überhitzten Flüssigkeit, eines unterkühlten Gases oder ein
die thermodynamische Stabilitätsbedingung ((dp/dV) 0) verletzender Zustand
entsprechend der Lösung der van-der-Waalschen Gleichung abgebildet.

HINWEISE ZUR PROGRAMMGESTALTUNG

Das Programm ist menüorientiert. Es werden sinnvolle Standardwerte vorgegeben. Jedes Diagramm, auch die zweidimensionalen, wird mittels Parallelprojektion abgbildet. Die Parameter für die Parallelprojektion werden nach der
Entscheidung von der Tastatur (10200-11060) aus den Zeilen 19000-19400
geholt. Die Diagrammgestaltung (11400-11900) macht aus fast allen Vorgaben
ein sinnvolles Bild. Es ist z.B. nirgendwo explizit festgelegt, daß in den
zweidimensionalen Bildern die dritte Achse nicht beschriftet werden soll.
Die eigentlichen Rechnungen finden ab 20000 statt. Das Streckenzug im Raum
Unterprogramm (30000-30080) zeichnet nur diejenigen Teile der Kurven ein, die
sich innerhalb des ausgwählten Quaders und innerhalb des Bildschirmes be-
finden.

LISTE DER VERWENDETEN VARIABLEN

G$	Tastaturabfragestring
WI, SI	waagrechtes, senkrechtes Minimum
WA, SA	waagrechtes, senkrechtes Maximum
FA	Farbe
QD	Abstand vom Ende der Achse zur Beschriftung
R	Gaskonstante
A, B	Materialkonstanten
T,V,P	Temperatur,Volumen,Druck
TL,VL,PL	Temperatur,Volumen,Druck Minimum
TA,VA,PA	Temperatur,Volumen,Druck Maximum
TD,VD,PD	Temperatur,Volumen,Druck Distanz der Kurven
TS,VS,PS	Temperatur,Volumen,Druck Schrittweite auf den Kurven
TM,VM,PM	Temperatur,Volumen,Druck Maßstab
QQ	Hilfsvariable
UH, UV	Ursprung horizontal, vertikal
MA	Maßstab
AL, BE	Winkel alpha, beta der Parallelprojektion
SL, SB	Sinus alpha, Sinus beta
CL, CB	Cosinus alpha, Cosinus beta
RF	Repeatflag
X,Y,Z	räumliche Koordinaten
WG,SE	waagrechte, senkrechte 2-dimensionale Koordinate
W1,S1	waagrechte, senkrechte 2-dimensionale Koordinate des vorigen Punktes
FL, F1	Flags
QW,QS	waagrechte,senkrechte Koordinate)
QL	Länge) für die Beschriftung
Q$	String)

```
490 REM ************************
500 REM *  P-V-T - DIAGRAMME  *
510 REM ************************
794 :
795 :
796 REM ***      * # *
797 REM *** ERKLAERUNGEN ***
798 REM ***      * * *
799 :
800 PRINT"⊒"
805 PRINT:PRINT:PRINT:PRINT:PRINT:PRINT:PRINT
810 PRINT"          ┌────────────────────────┐          "
815 PRINT"          │                        │          "
820 PRINT"          │    P, V, T- DIAGRAMME   │          "
825 PRINT"          │                        │          "
830 PRINT"          │    2- & 3-DIMENSIONAL   │          "
835 PRINT"          │                        │          "
840 PRINT"          └────────────────────────┘          "
845 GET G$: IF G$<>" " AND G$<>CHR$(13) THEN 845
850 PRINT"⊒"
855 PRINT
860 PRINT:PRINT" DIE DARGESTELLTEN  KURVEN  SIND         "
865 PRINT:PRINT" LOESUNGEN DER VAN DER WAALSCHEN         "
870 PRINT:PRINT" ZUSTANDSGLEICHUNG."
875 PRINT:PRINT:PRINT
880 PRINT:PRINT" ALLE MASZE SIND IN SI-EINHEITEN         "
885 PRINT:PRINT" ANZUGEBEN. ES WERDEN J, K, PA,       "
890 PRINT:PRINT" KMOL, M↑3 VERWENDET."
995 :
996 REM ***        * * *
997 REM *** GRAFIK-KONSTANTEN ***
998 REM ***        * * *
999 :
1000 WI=0
1010 SI=0
1020 WA=320
1030 SA=200
1040 FA=1
1050 QD=10
1994 :
1995 REM ***           * * *
1996 REM *** PHYSIKALISCHE  KONSTANTEN ***
1997 REM *** IN SI-EINHEITEN          ***
1998 REM ***           * * *
1999 :
2000 R=8314
2005 PRINT:PRINT:PRINT
2010 INPUT" MATERIALKONSTANTE A    3.6E5█████████";A
2015 PRINT
2020 INPUT" MATERIALKONSTANTE B    4.275E-2█████████████";B
2095 :
2096 REM ***        * * *
2097 REM *** KURVEN-KONSTANTEN ***
2098 REM ***        * * *
2099 :
2100 PRINT"⊒"
2101 PRINT
2102 PRINT"  ┌──────────────────────────────────┐ "
2103 PRINT"  │                                  │ "
2104 PRINT"  │BEGRENZUNG DES ZU BETRACHTENDEN AUS-│ "
2105 PRINT"  │SCHNITTES AUS DEM  P, V, T-DIAGRAMM: │ "
```

```
2106 PRINT"  |                                              |"
2107 PRINT"  L______________________________________________J "
2108 PRINT:PRINT
2109 PRINT:INPUT" TEMPERATUR-MINIMUM     270█████I";TL
2110 PRINT:INPUT" TEMPERATUR-MAXIMUM     310█████I";TA
2115 PRINT
2120 PRINT:INPUT" VOLUMEN-MINIMUM        0.05█████I";VL
2130 PRINT:INPUT" VOLUMEN-MAXIMUM        1███I";VA
2135 PRINT
2140 PRINT:INPUT" DRUCK-MINIMUM          2E6████I";PL
2150 PRINT:INPUT" DRUCK-MAXIMUM          1E7████I";PA
2160 PRINT"⊐"
2165 PRINT"       ┌────────────────────────────────┐        "
2170 PRINT"       |                                  |        "
2175 PRINT"       | GENAUIGKEIT DER DARSTELLUNG:      |        "
2180 PRINT"       |                                  |        "
2185 PRINT"       └────────────────────────────────┘        "
2195 PRINT:PRINT
2200 PRINT:INPUT" ANZAHL DER ISOTHERMEN    10████I";QQ
2205 TD=(TA-TL)/QQ
2210 PRINT:INPUT" PUNKTE JE ISOTHERME      40████I";QQ
2215 TS=(VA-VL)/QQ
2217 PRINT
2220 PRINT:INPUT" ANZAHL DER ISOCHOREN     7███I";QQ
2225 VD=(VA-VL)/QQ
2230 PRINT:INPUT" PUNKTE JE ISOCHORE       40████I";QQ
2235 VS=(PA-PL)/QQ
2237 PRINT
2240 PRINT:INPUT" ANZAHL DER ISOBAREN      7███I";QQ
2245 PD=(PA-PL)/QQ
2250 PRINT:INPUT" PUNKTE JE ISOBARE        20████I";QQ
2255 PS=(VA-VL)/QQ
2300 TM=-1/(TA-TL)
2310 VM=1/(VA-VL)
2320 PM=1/(PA-PL)
9995 :
9996 REM *** * * *
9997 REM *** MENUE 1 ***
9998 REM *** * * *
9999 :
10000 PRINT"⊐"
10010 PRINT
10020 PRINT"               ┌──────────────────────┐        "
10030 PRINT"               |                      |        "
10040 PRINT"               | ART DES DIAGRAMMES ?  |        "
10050 PRINT"               |                      |        "
10060 PRINT"               └──────────────────────┘        "
10100 PRINT:PRINT:PRINT
10110 PRINT" A        V-P DIAGRAMM                   "
10120 PRINT
10130 PRINT" B        T-P DIAGRAMM                   "
10140 PRINT
10150 PRINT" C        V-T DIAGRAMM                   "
10160 PRINT
10170 PRINT" D        T-P-V DIAGRAMM                 "
10180 PRINT
10190 PRINT" E        ENDE                          "
10200 PRINT:PRINT:PRINT:PRINT:PRINT
10210 PRINT"           ENTSPRECHENDE TASTE DRUECKEN"
11000 GET G$
11010 IF G$="E" THEN PRINT"⊐": END
```

```
11020 IF G$="A" THEN GOSUB 19000
11030 IF G$="B" THEN GOSUB 19100
11040 IF G$="C" THEN GOSUB 19200
11050 IF G$="D" THEN GOSUB 19300
11060 IF G$<"A" OR G$>"D" THEN 11000
11395 :
11396 REM ***          * * *
11397 REM *** DIAGRAMMGESTALTUNG ***
11398 REM ***          * * *
11399 :
11400 HIRES 1,0
11500 V=VL:P=PL
11510 T=TL: RF=1: GOSUB 30000: QW=W1: QS=S1
11520 T=TA: GOSUB 30000
11530 Q$="T": GOSUB 18000
11550 T=TL:P=PL
11560 V=VL: RF=1: GOSUB 30000: QW=W1: QS=S1
11570 V=VA: GOSUB 30000
11580 Q$="V": GOSUB 18000
11600 T=TL:V=VL
11610 P=PL: RF=1: GOSUB 30000: QW=W1: QS=S1
11620 P=PA: GOSUB 30000
11630 Q$="P": GOSUB 18000
11700 TEXT 230,10,"▓T▓EMPERATUR",1,1,8
11710 TEXT 227,25,"▓"+STR$(TL)+" K",1,1,7
11715 TEXT 234,32,"-",1,1,7
11720 TEXT 227,39,"▓"+STR$(TA)+" K",1,1,7
11750 TEXT 230,60,"▓V▓OLUMEN",1,1,8
11760 TEXT 227,75,"▓"+STR$(VL)+" M↑3",1,1,7
11765 TEXT 234,82,"-",1,1,7
11770 TEXT 227,89,"▓"+STR$(VA)+" M↑3",1,1,7
11800 TEXT 230,110,"▓D▓RUCK",1,1,8
11810 TEXT 227,125,"▓"+STR$(PL)+" P▓A",1,1,7
11815 TEXT 234,132,"-",1,1,7
11820 TEXT 227,139,"▓"+STR$(PA)+" P▓A",1,1,7
11900 TEXT 250,190,"´RETURN´",1,1,8
11995 :
11996 REM ***  * * *
11997 REM *** MENUE 2 ***
11998 REM ***  * * *
11999 :
12000 PRINT"▓"
12010 PRINT
12020 PRINT"           ┌───────────────┐         "
12030 PRINT"           │               │         "
12040 PRINT"           │ ART DER KURVE ?│         "
12050 PRINT"           │               │         "
12060 PRINT"           └───────────────┘         "
12100 PRINT:PRINT:PRINT
12110 PRINT" T        ISOTHERME             "
12120 PRINT
12130 PRINT" V        ISOCHORE             "
12140 PRINT
12150 PRINT" P        ISOBARE             "
12160 PRINT
12170 PRINT" G        GRAFIK BETRACHTEN        "
12180 PRINT
12190 PRINT" E        ENDE             "
12200 PRINT:PRINT:PRINT:PRINT:PRINT
12210 PRINT"          ENTSPRECHENDE TASTE DRUECKEN"
```

```
13000 GET G$
13010 IF G$=CHR$(13) THEN CSET0
13020 IF G$="G" THEN CSET2
13030 IF G$="E" THEN 10000
13040 IF G$="T" THEN CSET2: GOSUB 20000: CSET0
13050 IF G$="V" THEN CSET2: GOSUB 21000: CSET0
13060 IF G$="P" THEN CSET2: GOSUB 22000: CSET0
13070 GOTO 13000
17995 :
17996 REM ***             * * *
17997 REM *** BESCHRIFTUNGS-UPROG. ***
17998 REM ***             * * *
17999 :
18000 QL=SQR((W1-QW)↑2+(S1-QS)↑2)
18010 IF QL<QD THEN RETURN
18020 QW=W1+(W1-QW)/QL*QD-3
18030 QS=S1+(S1-QS)/QL*QD-4
18040 TEXT QW,QS,"█"+Q$,1,1,8
18050 RETURN
18994 :
18995 REM ***             * * *
18996 REM *** GRAFIK-KONSTANTEN FUER  ***
18997 REM *** DIE EINZELNEN DIAGRAMME ***
18998 REM ***             * * *
18999 :
19000 UH=30
19010 UV=188
19020 MA=165
19030 AL=0
19031 BE=0
19032 GOSUB 40000
19090 RETURN
19100 UH=30
19110 UV=188
19120 MA=165
19130 AL=0
19131 BE=π/2
19132 GOSUB 40000
19190 RETURN
19200 UH=30
19210 UV=188
19220 MA=165
19230 AL=π/2
19231 BE=0
19232 GOSUB 40000
19290 RETURN
19300 UH=30
19310 UV=150
19320 MA=120
19330 AL=π/5.5
19331 BE=π*7/32
19332 GOSUB 40000
19390 RETURN
19995 :
19996 REM ***    * * *
19997 REM *** ISOTHERME ***
19998 REM ***    * * *
19999 :
20000 FOR T=TL TO TA STEP TD
20010 RF=1
20020 FOR V=VL TO VA STEP TS
```

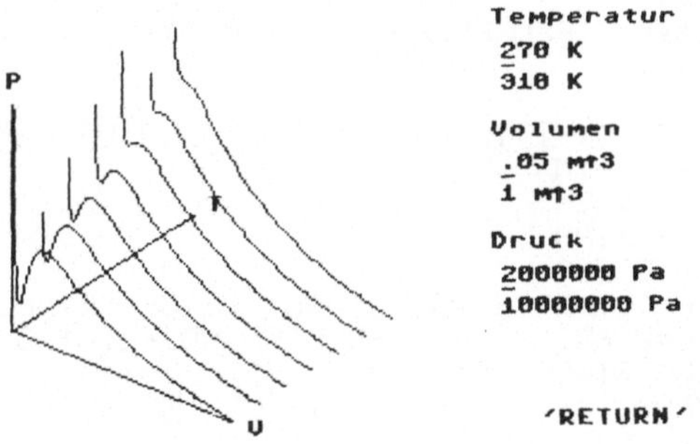

```
20030 P=R*T/(V-B)-A/V/V
20040 GOSUB 30000
20050 NEXT V
20060 NEXT T
20070 RETURN
20995 :
20996 REM ***   * * *
20997 REM *** ISOCHORE ***
20998 REM ***   * * *
20999 :
21000 FOR V=VL TO VA STEP VD
21010 Q1=A/V/V
21020 RF=1
21030 FOR P=PL TO PA STEP VS
21040 T=(P+Q1)*(V-B)/R
21050 GOSUB 30000
21060 NEXT P
21070 NEXT V
21080 RETURN
21995 :
21996 REM *** * * *
21997 REM *** ISOBARE ***
21998 REM ***   * * *
21999 :
22000 FOR P=PL TO PA STEP PD
22010 RF=1
22020 FOR V=VL TO VA STEP PS
22030 T=(P+A/V/V)*(V-B)/R
22040 GOSUB 30000
22050 NEXT V
22060 NEXT P
22070 RETURN
29995 :
29996 REM ***           * * *
29997 REM *** STRECKENZUG IM RAUM ***
29998 REM ***           * * *
29999 :
30000 IF T<TL OR T>TA OR V<VL OR V>VA OR P<PL OR P>PA THEN F1=1: RETURN
30010 X=(T-TL)*TM
30020 Y=(V-VL)*VM
30030 Z=(P-PL)*PM
30040 GOSUB 50000
30050 IF RF=1 THEN RF=0: W1=WG: S1=SE: F1=FL
30060 IF FL=0 AND F1=0 THEN LINE WG,SE,W1,S1,FA
30070 W1=WG: S1=SE: F1=FL
30080 RETURN
39994 :
39995 REM ***                   * * *
39996 REM *** FAKTOREN FUER PARALLELPROJEKTION ***
39997 REM *** NACH VORGABE DER WINKEL          ***
39998 REM ***                   * * *
39999 :
40000 SL=SIN(AL)
40010 SB=SIN(BE)
40020 CL=COS(AL)
40030 CB=COS(BE)
40040 RETURN
```

```
49996 REM ***          * * *
49997 REM *** PARALLELPROJEKTION ***
49998 REM ***          * * *
49999 :
50000 WG=Y*CB-X*SB
50010 SE=Z*CL-X*CB*SL-Y*SB*SL
50020 WG=UH+WG*MA
50030 SE=UV-SE*MA
50040 FL=0
50050 IF WG<WI OR SE<SI OR WG>WA OR SE>SA THEN FL=1
50060 RETURN
```

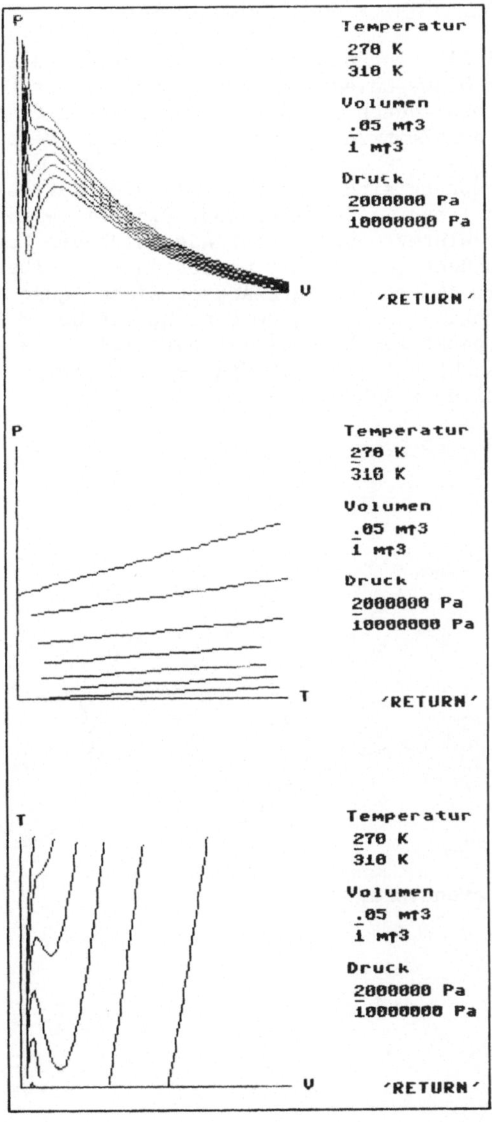

9 . S O N N E N B A H N E N

PROBLEMSTELLUNG

Die Einstrahlung von der Sonne im Laufe eines Tages wird am Bildschirm
gezeigt. Es werden die Einstrahlung je Zeiteinheit und der Höhenwinkel in
Abhängigkeit von der Tageszeit dargestellt. Es können das Datum (Monat, Tag)
und die geographische Breite des Beobachters frei gewählt werden. Die
Diagramme, die sich auf der selben Breite an verschiedenen Tagen ergeben
können zum Vergleich überlagert betrachtet werden.

PHYSIKALISCHE GRUNDLAGEN - PROGRAMMAUFBAU

Wenn wir zum Himmel blicken, haben wir den Eindruck, daß sich die Sonne auf
einer Bahn über uns hinwegbewegt. Ein Punkt auf dieser Bahn läßt sich durch
zwei Winkel beschreiben: durch den Azimut und durch die Höhe. Um diese Winkel
in Abhängigkeit von der Zeit zu berechnen, empfiehlt sich folgendes mathematische Modell:
Die Sonne ist der Ursprung eines dreidimensionalen kartesischen Koordinaten-
systems. Die Erdbahn liegt in der xy-Ebene. Die Zeit wird ab der Wintersonnwende gerechnet. Zur Wintersonnwende befindet sich die Erde auf der positiven
x-Achse. Nach 365 Sonnentagen ist sie wieder an der selben Stelle. Sie dreht
sich in dieser Zeit 366 mal um ihre Achse. Diese Achse hat immer dieselbe
Richtung, diese Richtung stimmt jedoch nicht mit der z-Achse überein. Der
Vektor vom Erdmittelpunkt zum Nordpol ist parallel zur xz-Ebene. Er schließt
mit der z-Achse einen Winkel von 23.5 Grad ein. Er zeigt in Richtung positi-
ver z-Achse und negativer x-Achse.

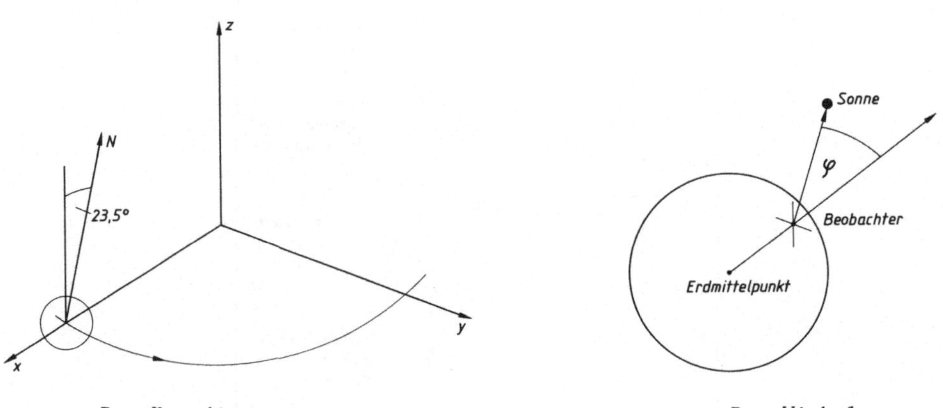

Das Koordinatensystem   Der Winkel

Es muß nun der dem Beobachter erscheinende Höhenwinkel in Abhängigkeit von
der Zeit bestimmt werden. Diese Aufgabe läßt sich in zwei Schritte zerlegen:
der Höhenwinkel ist vom Beobachterstandpunkt im Raum abhängig; der Beobachterstandpunkt im Raum ist von der Zeit abhängig. Der Höhenwinkel ist der Winkel
zwischen dem Sehstrahl vom Beobachterstandpunkt zur Sonne und der Horizontalebene des Beobachters. Der Winkel zwischen einer Geraden und einer Ebene ist
gleich 90 Grad minus dem Winkel zwischen der Geraden und dem Normalvektor der
Ebene. Der Normalvektor der Horizontalebene am Beobachterstandpunkt ist ein
Vektor vom Erdmittelpunkt zum Beobachterstandpunkt. Der Richtungsvektor des
Sehstrahles ist ein Vektor vom Beobachterstandpunkt zur Sonne.
Der Ortsvektor der Sonne ist zeitunabhängig der Nullvektor. Der Ortsvektor
des Erdmittelpunktes ist der Erdbahnradius mal einen sich mit konstanter
Winkelgeschwindigkeit in der xy-Ebene drehenden Einheitsvektor. Den Ortsvektor des Beobachterstandpunktes erhält man, indem man einen Hilfskreis ein-
führt. Dieser Hilfskreis ist der Breitenkreis, auf dem der Beobachterstandpunkt liegt. Da die Erdachse immer in dieselbe Richtung zeigt, ist der Vektor
vom Erdmittelpunkt zum Mittelpunkt des Hilfskreises leicht mit der Länge
Erdradius mal sin(Breite) abzutragen. Der Vektor vom Mittelpunkt des Hilfskreises zum Beobachterstandpunkt dreht sich in Abhängigkeit von der Zeit in
einer zur xy-Ebene mit 23.5 Grad geneigten Ebene im Raum.
Aus den Werten der Ortsvektoren von Sonne, Erdmittelpunkt und Beobachter
berechnet man die Richtungsvektoren Erdmittelpunkt-Beobachter und Beobachter-
Sonne. Der Cosinus des Winkels zwischen diesen beiden Vektoren ist gleich dem
Skalarprodukt der beiden Vektoren dividiert durch das Produkt der Längen der
beiden Vektoren. 90 Grad minus diesen Winkel ist der gesuchte Höhenwinkel.
Für den Drehwinkel des Erdmittelpunktes ist die Zeit in Sonnentagen * 180
Grad / Anzahl der Sonnentage je Jahr einzusetzen. Der Drehwinkel des
Beobachters auf dem Breitenkreis ist gleich dem Drehwinkel des Erdmittel-
punktes multipliziert mit der Anzahl der Sternentage je Jahr.
Die Einstrahlung auf der Erdoberfläche je Flächeneinheit und je Zeiteinheit
ist gleich dem Sinus des Höhenwinkels, wenn man die Einstrahlung bei 90 Grad
als Maß nimmt und die Luftschicht unberücksichtigt läßt. Bei negativem
Höhenwinkel ist die Einstrahlung null. Die Einstrahlung im Laufe eines Tages
ergibt sich aus der Integration der Einstrahlung nach der Zeit.
Die Berechnung des Azimuts ist eine weitere interessante Aufgabe, man muß ein
System von drei orthogonalen Einheitsvektoren im Raum berechnen, die für den
Beobachter die Richtungen Süden, Osten und senkrecht hinauf bedeuten. Einer-
seits erhöht sich die Rechenzeit, andererseits ergeben sich nicht immer
leicht verständliche Grafiken, deshalb wurde hier auf die praktische
Ausführung verzichtet.
Gewisse Werte ergeben beim Ablauf des Programmes Ergebnisse, über die man
vielleicht anfänglich ein wenig verwundert sein kann. Der Unterschied
zwischen der Einstrahlung im Laufe eines Tages zur Wintersonnwende und zur
Sommersonnwende ist bei nur 45 Grad Breite bereits 1 zu 4. In der Nähe der
Pole scheint die Sonne ein halbes Jahr lang überhaupt nicht. Wenn sie aber
scheint, dann erreicht sie Werte je Tag, die höher sind als die maximale
Einstrahlung je Tag am Äquator, da sie am Pol 24 Stunden je Tag scheint.

HINWEISE ZUR PROGRAMMGESTALTUNG

Die Lage der Grafik am Bildschirm wird im Wesentlichen durch die Konstanten
ab 1500 festgelegt. Die physikalischen Konstanten sind in Kilometern und
Sonnentagen angegeben. Die Länge des Jahres wird aus den einzelnen Monats-
längen summiert.

Nach der Eingabe der geographischen Breite und der Schrittweite ab 4000 bleibt nur noch die Möglichkeit eines Reset und eines neuerlichen Run um diese Werte zu ändern.
Die Bildschirmgestaltung ist soweit flexibel, daß eine Anpassung an andere Darstellungsgrößen durch eine Änderung der Konstanten ab 1500 erfolgen kann.
Die einmaligen Berechnungen sind unabhängig von der Zeit.
Bei der Eingabe des Tages werden unerlaubte Werte aussortiert, die Eingabe wird in die Anzahl der Tage ab der Wintersonnwende umgewandelt. Im Laufe eines Tages wird die Zeitpunktschleife mehrere Male durchlaufen. Um die Rechenzeit niedrig zu halten, wurde auf die Verwendung von Unterprogrammen zur Vektorrechnung verzichtet. Um bessere Übersichtlichkeit zu gewährleisten, wurden die Vektoren in Datenfeldern angeordnet.
Das alte Datum und die alte Einstrahlung werden in 10010 und 10020 gelöscht. Das neue Datum wird in 10800, die neue Einstrahlung in 17100 angezeigt. Die Grafik bleibt am Bildschirm, bis in Zeile 17900 RETURN gedrückt wird; dann kann ein anderer Wert für den Tag eingegeben werden.

LISTE DER VERWENDETEN VARIABLEN

UO,UU		Ursprung oberes, unteres Diagramm
DU		Höhe der Diagramme
LR, RR		linker Rand, rechter Rand
SG$		String für die Anzeige
EB		Erdbahnradius
ER		Erdradius
AN		Neigung der Erdachse
LA		laufende Zählvariable
SO		Sonnentage je Jahr
SE		Sterntage je Jahr
BR		Breite in Grad, im Bogenmaß
SC		Schrittweite
ML		Monatslänge
MN$		Monatsnamen
MO		Monat
MT		Tag im Monat
SA, CA		Sinus, Cosinus der Achsenneigung
SB, CB		Sinus, Cosinus der Breite
XV,YU,ZV		Hilfskoordinaten in der Breitenkreisebene
X,Y,Z		
Index	0	Ortsvektor des Erdmittelpunktes
	1	Richtungsvektor vom Erdmittelpunkt zum Nordpol
	2	(1) mal Sinus der Breite
	3	Richtungsvektor vom Erdmittelpunkt zum Beobachter
	6	Ortsvektor des Beobachters
TA		Sonnentag ab der Wintersonnwende
RF		Repeatflag für die Streckenzüge im Diagramm
SG		Einstrahlung im Laufe eines Tages
ZE		momentane Zeit
BA		Bahnwinkel
DR		Rotationswinkel der Erde
SD, CD		Sinus, Cosinus des Rotationswinkels
L6		Länge des Vektors 6
SQ, CR		Sinus, Cosinus des Winkels zwischen (3) und (6)
HO,H,H1		horizontale Koordinaten in den Diagrammen
V1,V2,V3,V4		vertikale Koordinaten in den Diagrammen
C1		alter Wert von CR
A$		String zur Tastaturabfrage

```
1396 REM      ****************************
1397 REM      *  S O N N E N B A H N E N  *
1398 REM      ****************************
1495 :
1496 REM ***                * * *
1497 REM *** DATEN FUER BILDSCHIRMGESTALTUNG ***
1498 REM ***                * * *
1499 :
1500 UO=77
1510 UU=174
1520 DU=65
1530 LR=25
1540 RR=320-LR
1600 SG$="█E█INSTRAHLUNG IM █L█AUFE DES █T█AGES = "
1995 :
1996 REM ***                * * *
1997 REM *** PHYSIKALISCHE KONSTANTEN ***
1998 REM ***                * * *
1999 :
2000 EB=1.496E8
2010 ER=6370
2020 AN=23.5/180*π
2100 DATA 31,28,31,30,31,30,31,31,30,31,30,31
2110 DATA "█J█ANNUAR","█F█EBRUAR","█M█AERZ","█A█PRIL","█M█AI","█J█UNI","█J█ULI
2120 DATA "█A█UGUST","█S█EPTEMBER","█O█KTOBER","█N█OVEMBER","█D█EZEMBER"
2130 DIM ML(12),MN$(12)
2200 FOR LA=1 TO 12
2210 READ ML(LA)
2220 NEXT LA
2250 FOR LA=1 TO 12
2260 READ MN$(LA)
2270 NEXT
2300 S0=0
2310 FOR LA=1 TO 12
2320 S0=S0+ML(LA)
2330 NEXT LA
2340 SE=S0+1
2995 :
2996 REM ***    * * *
2997 REM *** ERKLAERUNG ***
2998 REM ***    * * *
2999 :
3000 PRINT "█"
3010 PRINT"  ┌─────────────────────────────────────┐ "
3020 PRINT"  | DIE SONNE VON DER ERDE AUS GESEHEN | "
3030 PRINT"  └─────────────────────────────────────┘ "
3040 PRINT:PRINT
3100 PRINT:PRINT" WINTERSONNWENDE AUF DER NORDHALBKUGEL "
3110 PRINT" IST AM 21.DEZEMBER."
3120 PRINT:PRINT
3995 :
3996 REM ***              * * *
3997 REM *** BEOBACHTUNGSPARAMETER ***
3998 REM ***              * * *
3999 :
4000 PRINT" BREITE DES BEOBACHTERSTANDPUNKTES IN   "
4010 INPUT" GRAD    45█████";BR
4020 BR=BR/180*π
4100 PRINT:PRINT" SCHRITTWEITE DER DARSTELLUNG IN        "
4110 INPUT" STUNDEN    1████";SC
4200 PRINT:PRINT" WENN DAS DIAGRAMM FUER EINEN TAG       "
```

```
4210 PRINT" FERTIG IST, RETURN DRUECKEN UM EINEN  "
4220 PRINT" ANDEREN TAG EINZUGEBEN."
4300 PRINT
4995 :
4996 REM ***          * * *
4997 REM *** BILDSCHIRMGESTALTUNG ***
4998 REM ***          * * *
4999 :
5000 HIRES 1,0
5010 CSET0
5100 LINE LR-3,UO,320,UO,1
5110 LINE LR-3,UU,320,UU,1
5200 LINE LR,UO-DU,LR,UO+3,1
5210 LINE LR,UU-DU,LR,UU+3,1
5400 TEXT LR+8,UO-DU-9,"▩H▩OEHENWINKEL",1,1,8
5410 TEXT LR+8,UU-DU-9,"▩S▩TRAHLUNG",1,1,8
5420 TEXT 255,UO+18,"▩Z▩EIT ->",1,1,8
5600 TEXT LR-24,UO-DU-4,"90 ",1,1,7
5605 LINE LR,UO-DU,LR+3,UO-DU,1
5610 TEXT LR-24,UO-DU*2/3-4,"60 ",1,1,7
5615 LINE LR,UO-DU*2/3,LR+3,UO-DU*2/3,1
5620 TEXT LR-24,UO-DU/3-4,"30 ",1,1,7
5625 LINE LR,UO-DU/3,LR+3,UO-DU/3,1
5630 TEXT LR-24,UO-4," 0 ",1,1,7
5635 LINE LR,UO,LR+3,UO,1
5700 TEXT LR-24,UU-DU-4,"1",1,1,7
5705 LINE LR,UU-DU,LR+3,UU-DU,1
5710 TEXT LR-24,UU-DU*3/4-4,".75",1,1,7
5715 LINE LR,UU-DU*3/4,LR+3,UU-DU*3/4,1
5720 TEXT LR-24,UU-DU/2-4,".5",1,1,7
5725 LINE LR,UU-DU/2,LR+3,UU-DU/2,1
5730 TEXT LR-24,UU-DU/4-4,".25",1,1,7
5735 LINE LR,UU-DU/4,LR+3,UU-DU/4,1
5740 TEXT LR-24,UU-4,"0",1,1,7
5745 LINE LR,UU,LR+3,UU,1
5800 LINE LR,UO,LR,UO+3,1
5810 TEXT LR-8,UO+7,"▩0H",1,1,7
5820 LINE LR+RR/4,UO,LR+RR/4,UO+3,1
5830 TEXT LR+RR/4-8,UO+7,"▩6H",1,1,7
5840 LINE LR+RR/2,UO,LR+RR/2,UO+3,1
5850 TEXT LR+RR/2-12,UO+7,"▩12H",1,1,7
5860 LINE LR+RR*3/4,UO,LR+RR*3/4,UO+3,1
5870 TEXT LR+RR*3/4-12,UO+7,"▩18H",1,1,7
5880 LINE LR+RR,UO,LR+RR,UO+3,1
5890 TEXT LR+RR-24,UO+7,"▩24H",1,1,7
5900 MO=0:MT=0:TEXT 120,180,STR$(MT)+". "+MN$(MO),2,1,8
5910 TEXT 5,190,SG$+STR$(SG),2,1,8
6995 :
6996 REM ***          * * *
6997 REM *** EINMALIGE BERECHNUNGEN ***
6998 REM ***          * * *
6999 :
7000 SA=SIN(AN)
7010 CA=COS(AN)
7020 SB=SIN(BR)
7030 CB=COS(BR)
7100 X(1)=SA
7110 Y(1)=0
7120 Z(1)=CA
```

```
7200 X(2)=X(1)*SB
7210 Y(2)=Y(1)*SB
7220 Z(2)=Z(1)*SB
7300 XV=CB*CA
7310 YU=CB
7320 ZV=-CB*SA
9995 :
9996 REM ***   * * *
9997 REM *** EIN TAG ***
9998 REM ***   * * *
9999 :
10000 CSET0
10010 TEXT 120,180,STR$(MT)+". "+MN$(MO),2,1,8
10020 TEXT 5,190,SG$+STR$(SG),2,1,8
10100 PRINT
10110 INPUT" MONAT ";MO
10115 PRINT"J";TAB(20);
10120 INPUT" TAG ";MT
10130 IF MO<1 OR MO>12 THEN PRINT:PRINT"UNMOEGLICH":GOTO 10100
10140 TA=0
10150 FOR LA=1 TO MO
10160 TA=TA+ML(LA)
10170 NEXT LA
10180 IF MT<1 OR MT>ML(MO) THEN PRINT:PRINT"UNMOEGLICH":GOTO 10100
10190 TA=TA-ML(MO)+MT+10
10200 IF TA>364 THEN TA=TA-365
10700 CSET2
10800 TEXT 120,180,STR$(MT)+". "+MN$(MO),2,1,8
10995 :
10996 REM ***            * * *
10997 REM *** BEGINN DER ZEITPUNKTSCHLEIFE ***
10998 REM ***            * * *
10999 :
11000 RF=1
11010 SG=0
11100 FOR ZE=TA TO TA+1+SC/48 STEP SC/24
11995 :
11996 REM ***               * * *
11997 REM *** STANDORTBESTIMMUNGEN ZU ZEITPUNKT ***
11998 REM ***               * * *
11999 :
12000 BA=ZE*2*π/SO
12010 X(0)=EB*COS(BA)
12020 Y(0)=EB*SIN(BA)
12030 Z(0)=0
12100 DR=SE*BA
12110 SD=SIN(DR)
12120 CD=COS(DR)
12200 X(3)=X(2)+XV*CD
12210 Y(3)=Y(2)+YU*SD
12220 Z(3)=Z(2)+ZV*CD
12500 X(6)=X(0)+X(3)*ER
12510 Y(6)=Y(0)+Y(3)*ER
12520 Z(6)=Z(0)+Z(3)*ER
12995 :
12996 REM ***            * * *
12997 REM *** BERECHNUNG DES HOEHENWINKELS ***
12998 REM ***            * * *
12999 :
13000 L6=SQR(X(6)*X(6)+Y(6)*Y(6)+Z(6)*Z(6))
13100 CR=-(X(3)*X(6)+Y(3)*Y(6)+Z(3)*Z(6))/L6
```

```
13200 SQ=SQR(1-CR*CR)
13210 IF SQ=0 THEN HO=2*ATN(1)*CR:GOTO 14000
13220 HO=ATN(CR/SQ)
13995 :
13996 REM ***               * * *
13997 REM *** IN DAS DIAGRAMM EINTRAGEN ***
13998 REM ***               * * *
13999 :
14000 H=LR+(ZE-TA)*RR
14010 V1=UO-DU*HO/π*2
14020 V3=UU-DU*CR
14100 IF RF=1 THEN RF=0:H1=H:V2=V1:V4=V3:C1=CR:GOTO 15000
14200 IF CR<0 OR C1<0 THEN 14500
14300 LINE H,V1,H1,V2,1
14310 LINE H,V3,H1,V4,1
14320 IF H1<>H THEN SG=SG+CR+C1
14500 H1=H:V2=V1:V4=V3:C1=CR
14995 :
14997 REM *** ENDE DER ZEITPUNKTSCHLEIFE ***
14999 :
15000 NEXT ZE
16995 :
16996 REM ***               * * *
16997 REM *** EINSTRAHLUNG ANZEIGEN ***
16998 REM ***               * * *
16999 :
17000 SG=SG*SC/2
17010 SG=INT(10*SG)/10
17100 TEXT 5,190,SG$+STR$(SG),2,1,8
17500 PRINT" EINSTRAHLUNG = ";SG
17900 GET A$:IF A$<>CHR$(13) THEN 17900
17910 GOTO 10000
```

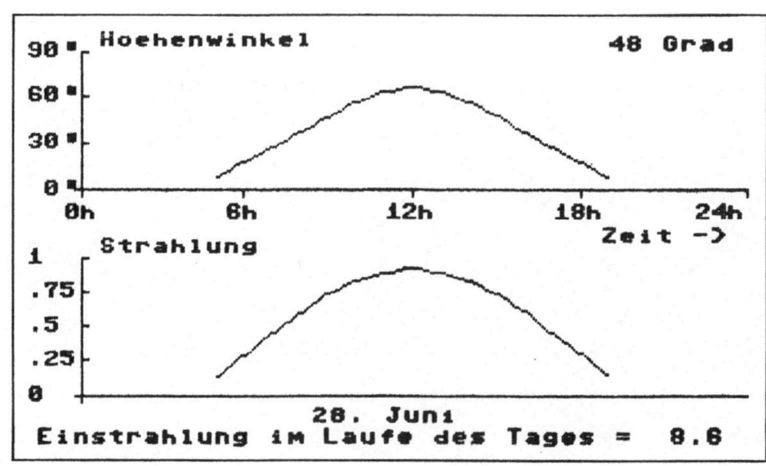

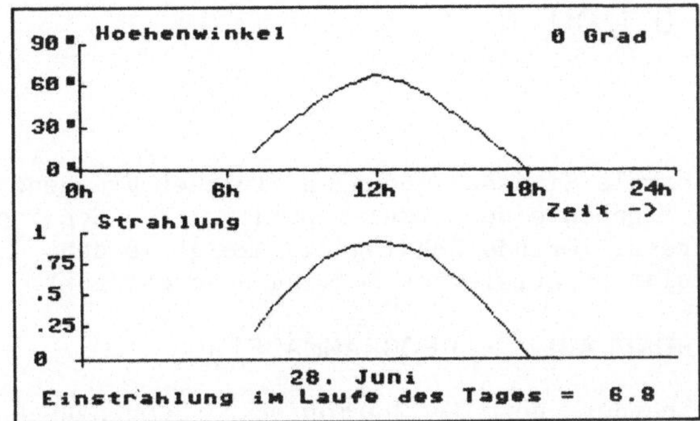

Hoehenwinkel
0 Grad
90
60
30
0
0h   6h   12h   18h   24h
Zeit ->
Strahlung
1
.75
.5
.25
0
28. Juni
Einstrahlung im Laufe des Tages =   6.8

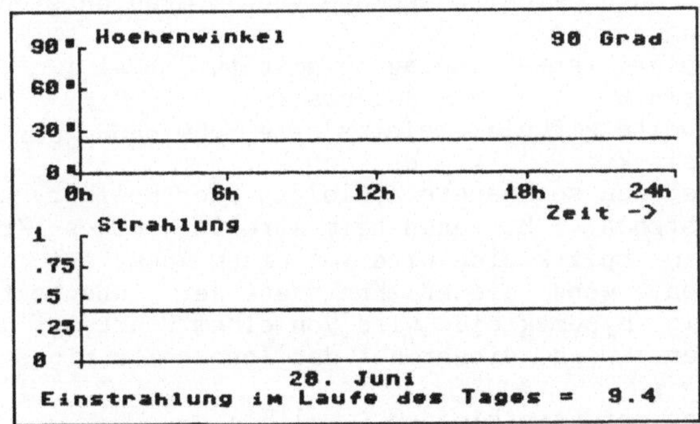

Hoehenwinkel
90 Grad
90
60
30
0
0h   6h   12h   18h   24h
Zeit ->
Strahlung
1
.75
.5
.25
0
28. Juni
Einstrahlung im Laufe des Tages =   9.4

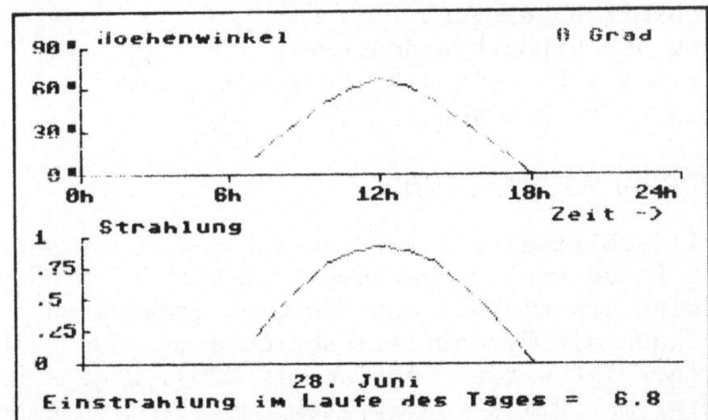

Hoehenwinkel
0 Grad
90
60
30
0
0h   6h   12h   18h   24h
Zeit ->
Strahlung
1
.75
.5
.25
0
28. Juni
Einstrahlung im Laufe des Tages =   6.8

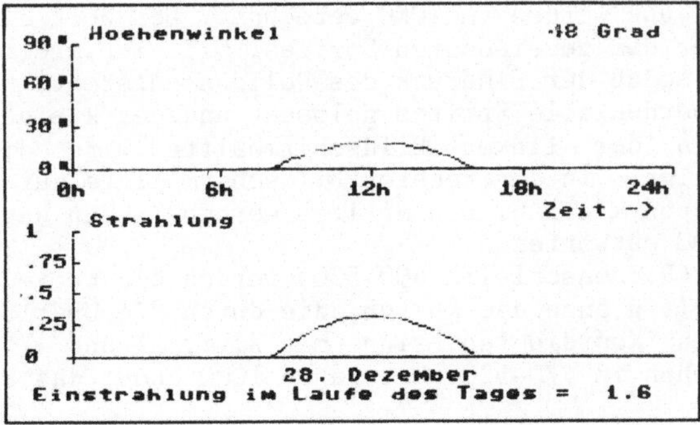

Hoehenwinkel
-48 Grad
90
60
30
0
0h   6h   12h   18h   24h
Zeit ->
Strahlung
1
.75
.5
.25
0
28. Dezember
Einstrahlung im Laufe des Tages =   1.6

10. ZYKLOIDEN

PROBLEMSTELLUNG

Zwei aufeinander normale Sinusschwingungen gleicher Frequenz und einer Phasenlage von 90 Grad ergeben eine zirkular polarisierte Schwingung. Mit diesem
Programm soll die resultierende Schwingung gezeigt werden, die bei der Überlagerung zweier zirkular polarisierter Schwingungen entsteht.

PHYSIKALISCHE GRUNDLAGEN - PROGRAMMAUFBAU

Werden zwei aufeinander normale harmonische Schwingungen überlagert, so
entsteht für ein rationales Frequenzverhältnis eine Lissajous-Figur. Für
gleiche Frequenzen und eine Phasenlage von 90 Grad entsteht eine zirkular
polarisierte Schwingung.
Für die zirkular polarisierte Schwingung gilt für $\omega = 1$:
$$x = A \cdot \sin t \qquad y = A \cdot \cos t$$
Wird dieser eine zweite zirkular polarisierte Schwingung der Form
$$x = B \cdot \sin k.t \qquad y = B \cdot \cos k.t$$
überlagert, so entstehen sogenannte Zykloiden oder Rollkurven.
Diese Kurven entstehen z.B. auch beim Abrollen eines Kreises auf einem
zweiten Kreis. Die Epizykloide wird von einem Punkt auf dem Umfang eines
Kreises beschrieben, wenn dieser Kreis auf der Außenseite eines anderen
Kreises rollt. Die Hypozykloide wird von einem Punkt auf dem Umfang eines
Kreises beschrieben, wenn dieser auf der Innenseite eines anderen Kreises
rollt.
Parameterdarstellung der Epizykloiden ($\omega = 1$) :
$$x = A \cdot \sin t + B \cdot \cos k.t \qquad y = A \cdot \cos t + B \cdot \sin k.t$$
Dabei werden k+1 Schleifen gezogen.
Parameterdarstellung der Hypozykloiden ($\omega = 1$) :
$$x = A \cdot \sin t + B \cdot \sin k.t \qquad y = A \cdot \cos t + B \cdot \cos k.t$$
Dabei werden k-1 Schleifen gezogen.

HINWEISE ZUR PROGRAMMGESTALTUNG

Auf der ersten Bildschirmseite werden zunächst die verwendeten Formeln gezeigt. Nach einer Pause von 15 Sekunden, die mit "RETURN" vorzeitig beendet
werden kann, erfolgt die Eingabe des Frequenzverhältnisses und der Amplituden. Auf Wunsch kann ein Demonstrationsprogramm , das die Entstehung der
Kurven erläutert, gezeigt werden (Abfrage in 270). Dieses Programm beginnt in
Zeile 1000. Es zeigt mit Hilfe von Sprites das Abrollen eines kleinen Kreises
auf einem größeren Kreis. Für die Punkte des großen Kreises werden die Koordinaten in 1030-1060 berechnet. Die Koordinaten für die 4 verwendeten Sprites
heißen MX und MY und werden in 1080 berechnet. Der Wert eines Zählers I bestimmt die Nummer des gezeichneten Sprites. Die vier kleinen Kreise tragen
eine Markierung, sodaß der Eindruck des Rollens entsteht. Nach Beendigung des
großen Kreises werden alle Sprites gelöscht und der kleine Kreis punktweise
dazugezeichnet. In der linken Bildschirmhälfte wird die Entstehung der
Epizykloiden gezeigt, in der rechten Bildschirmhälfte auf gleiche Weise die
Entstehung der Hypozykloiden. Die Sprites werden in den Unterprogrammen 2000,
3000, 4000 und 5000 entworfen.
Im Hauptprogramm (Rechenschleife 400-530) werden die Kurven einzeln gezeichnet und gleichzeitig auch die Kurven, die durch die Überlagerung entstehen.
Die entsprechenden Koordinaten sind mit X, Y, XX und YY bezeichnet. Die
Zeichenbefehle stehen in 470-520. Mit Pause 1000 endet das Programm.

LISTE DER VERWENDETEN VARIABLEN

A, B	Amplituden
Z	Frequenzverhältnis
W$	Abfrage, ob Demonstrationsprogramm gewünscht
F$	Beschriftung (Frequenzverhältnis
A$, B$	Beschriftung (Amplituden)
T	Winkel
P, Q	Winkelfunktionen von T
R, S	Winkelfunktionen von Z*T
X, Y	Koordinaten der Epizykloiden
XX, YY	Koordinaten der Hypozykloiden
X, Y	Koordinaten der Kreislinie im Demo-programm
XS, YS	Bildschirmkoordinaten von X und Y
MX, MY	Koordinaten der Sprites
MU, MV	Koordinaten der Sprites
U	Koordinatenverschiebung für den Kreis (statt Sprites)
I	Zählvariable

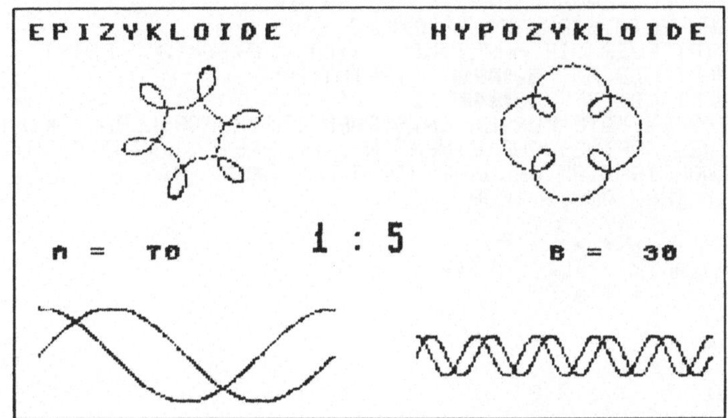

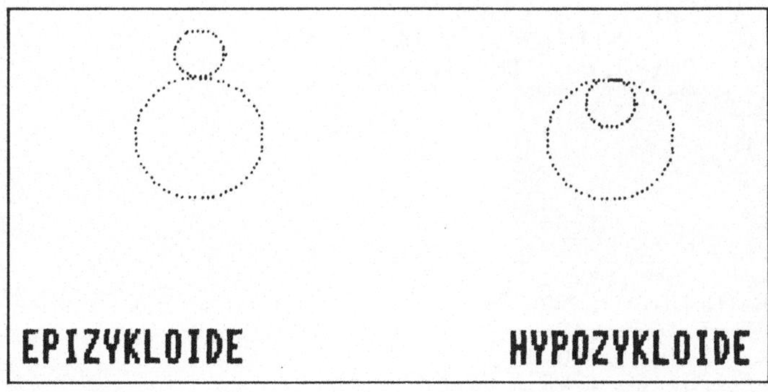

```basic
5 REM     *********************
6 REM     *  Z Y K L O I D E N  *
7 REM     *********************
8 :
10 PRINT"{clr}":POKE 53280,1:POKE 53281,1
20 PRINT AT(9,2)"┌─────────────────┐"
30 PRINT AT(9,3)"│ Z Y K L O I D E N │"
40 PRINT AT(9,4)"└─────────────────┘"
50 PRINT AT(0,8)" UEBERLAGERUNG ZWEIER KREISSCHWINGUNGEN":PRINT:PRINT
100 PRINT"  EPIZYKLOIDE :":PRINT
110 PRINT"              X=A*SIN(WT)+B*COS(ZWT)":PRINT
120 PRINT"              Y=A*COS(WT)+B*SIN(ZWT)":PRINT:PRINT
130 PRINT"  HYPOZYKLOIDE :":PRINT
140 PRINT"              X=A*SIN(WT)+B*SIN(ZWT)":PRINT
150 PRINT"              Y=A*COS(WT)+B*COS(ZWT)"
160 PAUSE 15
170 PRINT"{clr}":PRINT:PRINT
195 :
196 REM ***          * * *
197 REM *** AMPLITUDEN/FREQUENZVERH.***
198 REM ***          * * *
199 :
200 PRINT"FREQUENZVERHAELTNIS 1 : Z":PRINT
210 INPUT"VERHAELTNISZAHL Z    8   ";Z
220 PRINT:PRINT"FUER DIE AMPLITUDEN GILT : A+B<=100":PRINT
230 INPUT"AMPLITUDE A    50   ";A:PRINT
240 INPUT"AMPLITUDE B    50   ";B
250 PRINT AT(0,15)"DIE KURVEN ENTSTEHEN DURCH ABROLLEN":PRINT
260 PRINT"EINES KREISES AUF EINEM ZWEITEN KREIS":PRINT:PRINT:PRINT:PRINT
270 INPUT"DEMONSTRATION GEWUENSCHT? J/N    N   ";W$
280 IF W$="J" THEN GOSUB 1000
295 :
296 REM ***          * * *
297 REM *** GRAFIK / KURVEN ***
298 REM ***          * * *
299 :
300 HIRES 1,0:POKE 53280,6
310 F$="1 :"+STR$(Z)
320 TEXT 130,100,F$,1,2,8
330 A$="A = "+STR$(A)
340 B$="B = "+STR$(B)
350 TEXT 20,110,A$,1,1,8
360 TEXT 230,110,B$,1,1,8
370 TEXT 10,12,"EPIZYKLOIDE",1,1,10
380 TEXT 180,12,"HYPOZYKLOIDE",1,1,10
400 FOR T=0 TO 2*π STEP .02
410 P=A*SIN(T)
420 Q=A*COS(T)
430 R=B*COS(Z*T)
440 S=B*SIN(Z*T)
450 X=P+R:Y=Q+S
460 XX=P+S:YY=Q+R
470 PLOT .3*X+80,60-.3*Y,1
480 PLOT .3*XX+240,60-.3*YY,1
490 PLOT 20*T+15,160-.3*P,1
500 PLOT 20*T+15,160-.3*Q,1
510 PLOT 20*T+175,160-.3*R,1
520 PLOT 20*T+175,160-.3*S,1
530 NEXT T
540 PAUSE 1000
550 END
```

```
996 REM ***            * * *
997 REM *** DEMONSTRATIONSPROGRAMM ***
998 REM ***            * * *
999 :
1000 HIRES 1,6:POKE 53280,0
1010 FOR T=0 TO 2*π STEP .1
1020 I=I+1
1030 X=A*SIN(T)
1040 Y=A*COS(T)
1050 XS=.5*X+80
1060 YS=100-.5*Y
1070 PLOT XS,YS,1
1080 MX=80+.5*(A+25)*SIN(T):MY=120-.5*(A+25)*COS(T)
1090 IF I=1 THEN MOB OFF 4:GOSUB 2000:RLOCMOB 1,MX,MY,3,0:GOTO 1130
1100 IF I=2 THEN MOB OFF 1:GOSUB 3000:RLOCMOB 2,MX,MY,3,0:GOTO 1130
1110 IF I=3 THEN MOB OFF 2:GOSUB 4000:RLOCMOB 3,MX,MY,3,0:GOTO 1130
1120 IF I=4 THEN MOB OFF 3:GOSUB 5000:RLOCMOB 4,MX,MY,3,0:I=0
1130 NEXT T
1140 MOB OFF1:MOB OFF2:MOB OFF3:MOB OFF4
1150 FOR T=0 TO 2*π STEP .2
1160 X=10*COS(T)
1170 Y=10*SIN(T)
1180 U=90-.5*A
1190 PLOT X+80,U-Y,1
1200 NEXT T
1210 I=0
1220 TEXT 20,180,"EPIZYKLOIDE",1,2,8
1300 MU=240:MV=120-.5*(A-25)
1310 FOR T=0 TO 2*π STEP .1
1320 I=I+1
1330 X=A*SIN(T)
1340 Y=A*COS(T)
1350 XS=.5*X+240:YS=100-.5*Y
1360 PLOT XS,YS,1
1370 MX=240+.5*(A-25)*SIN(T):MY=120-.5*(A-25)*COS(T)
1380 IF I=1 THEN MOB OFF 4:GOSUB 2000:RLOCMOB 1,MX,MY,3,0:GOTO 1420
1390 IF I=2 THEN MOB OFF 1:GOSUB 3000:RLOCMOB 2,MX,MY,3,0:GOTO 1420
1400 IF I=3 THEN MOB OFF 2:GOSUB 4000:RLOCMOB 3,MX,MY,3,0:GOTO 1420
1410 IF I=4 THEN MOB OFF 3:GOSUB 5000:RLOCMOB 4,MX,MY,3,0:I=0
1420 NEXT T
1430 MOB OFF 1:MOB OFF 2:MOB OFF 3:MOB OFF 4
1440 FOR T=0 TO 2*π STEP .2
1450 X=10*COS(T)
1460 Y=10*SIN(T)
1470 U=110-.5*A
1480 PLOT X+240,U-Y,1
1490 NEXT T
1500 TEXT 200,180,"HYPOZYKLOIDE",1,2,8
1510 PAUSE 20
1520 RETURN
1995 :
1996 REM ***          * * *
1997 REM ***   SPRITES 1,2,3,4   ***
1998 REM ***          * * *
1999 :
2000 DESIGN 0,32*64+49152          4000 DESIGN 0,34*64+49152
2001 @...........................  4001 @...........................
2002 @...........................  4002 @...........................
2003 @...........................  4003 @...........................
2004 @...........................  4004 @...........................
```

```
2005 @............................
2006 @............................
2007 @............................
2008 @............................
2009 @............................
2010 @............................
2011 @...........BBB............
2012 @.........B.....B..........
2013 @.......B...B...B........
2014 @.......B...B...B........
2015 @.....B.........B......
2016 @.....B.........B......
2017 @.....B.........B......
2018 @.......B.......B........
2019 @.......B.......B........
2020 @.........B.....B..........
2021 @...........BBB............
2030 MOB SET 1,32,8,0,0
2040 MMOB 1,MX,MY,MX,MY,3,0
2100 RETURN
3000 DESIGN 0,33*64+49152
3001 @............................
3002 @............................
3003 @............................
3004 @............................
3005 @............................
3006 @............................
3007 @............................
3008 @............................
3009 @............................
3010 @............................
3011 @..........BBB............
3012 @........B.....B..........
3013 @.......B.......B........
3014 @.......B.......B........
3015 @.....B..........B......
3016 @.....B......BB.B......
3017 @.....B.........B......
3018 @.......B.......B........
3019 @.......B.......B........
3020 @.........B.....B..........
3021 @..........BBB............
3030 MOB SET 2,33,8,0,0
3040 MMOB 2,MX,MY,MX,MY,3,0
3100 RETURN

4005 @............................
4006 @............................
4007 @............................
4008 @............................
4009 @............................
4010 @............................
4011 @...........BBB............
4012 @.........B.....B..........
4013 @.......B.......B........
4014 @.......B.......B........
4015 @.....B.........B......
4016 @.....B.........B......
4017 @.....B.........B......
4018 @.......B...B...B........
4019 @.......B...B...B........
4020 @.........B.....B..........
4021 @...........BBB............
4030 MOB SET 3,34,8,0,0
4040 MMOB 3,MX,MY,MX,MY,3,0
4100 RETURN
5000 DESIGN 0,35*64+49152
5001 @............................
5002 @............................
5003 @............................
5004 @............................
5005 @............................
5006 @............................
5007 @............................
5008 @............................
5009 @............................
5010 @............................
5011 @..........BBB............
5012 @........B.....B..........
5013 @.......B.......B........
5014 @.......B.......B........
5015 @.....B..........B......
5016 @.....B.BB......B......
5017 @.....B.........B......
5018 @.......B.......B........
5019 @.......B.......B........
5020 @.......B.....B..........
5021 @..........BBB............
5030 MOB SET 4,35,8,0,0
5040 MMOB 4,MX,MY,MX,MY,3,0
5050 RETURN
```

11. GEDÄMPFTE SCHWINGUNG

PROBLEMSTELLUNG

Der zeitliche Verlauf der gedämpften Schwingung eines Pendels (Federpendel, Fadenpendel) oder eines anderen schwingungsfähigen Körpers soll dargestellt werden. Dabei soll nicht der übliche Ansatz mit Winkelfunktionen verwendet werden, sondern der Schwingungsverlauf aus der Bewegungsgleichung selbst gewonnen werden. Es wird jeweils in kleinen Zeitintervallen gerechnet als handelte es sich um eine gleichmäßig beschleunigte Bewegung.

PHYSIKALISCHE GRUNDLAGEN - PROGRAMMAUFBAU

An Schwingungen kennen wir z.B. mechanische Schwingungen, wie sie ein Pendel ausführt, Molekülschwingungen und Schwingungen in der Akustik. Typisch für Schwingungen ist: Es liegt ein Körper vor, der eine Gleichgewichtslage besitzt. Wenn er aus dieser entfernt wird, wirkt auf ihn eine rücktreibende Kraft, die ihn zur Rückkehr in die Gleichgewicntslage zwingt. Auf Grund der Trägheit bewegt sich der Körper jedoch über diese Gleichgewichtslage hinaus, sodaß es zu einem Wechselspiel zwischen rücktreibender Kraft und Trägheit kommt. Die Schwingung ist im allgemeinen gedämpft, sollte im Idealfall jedoch eine ungedämpfte Schwingung sein. Die Stelle, an der sich der schwingende Körper zu einem beliebigen Zeitpunkt t aufhält, heißt Auslenkung oder Elongation. Die maximale Elongation wird Amplitude genannt.
Eine mechanische Schwingung, bei der die rücktreibende Kraft F proportional zur Elongation s ist, erfolgt nach einem linearen Kraftgesetz und heißt harmonische Schwingung. Die Beschleunigung ergibt sich aus der rücktreibenden Kraft nach dem Newton'schen Grundgesetz
    Kraft = Masse x Beschleunigung
        F = m.a
Für die Beschleunigung erhält man also a = F/m .
Handelt es sich z.B. um ein Federpendel, bei dem ein Körper an einer elastischen Feder schwingt, so ist die rücktreibende Kraft F = -D.s , wobei D die Federkonstante ist und s die jeweilige Auslenkung. (Hooksches Gesetz)
Die Periodendauer T einer Schwingung ist die Zeit, die der schwingende Körper für eine volle Hin- und Herbewegung braucht.
Die Frequenz der Schwingung ist die Anzahl der vollen Schwingungen je Sekunde und damit der Kehrwert der Periodendauer. Sie wird in Hertz (Hz) gemessen. Daraus ergibt sich die vielfach angegebene Kreisfrequenz $\omega = 2\pi f$ (z.B. für einen Körper, der auf einem Kreis umläuft).
Zusätzlich läßt sich für jeden Zeitpunkt der Schwingung auch noch der Phasenwinkel ϕ angeben. Hat der schwingende Körper z.B. zu einem bestimmten Zeitpunkt 60% der Amplitude erreicht, gibt man besser den Drehwinkel ϕ der zugehörigen Kreisbewegung an. Mit Hilfe des Phasenwinkels läßt sich auch die gegenseitige Verschiebung von zwei Schwingungen beschreiben.

Eine reale mechanische Schwingung ist ohne Eingriff von außen stets gedämpft. Dafür sorgt die unvermeidliche Reibung. Die Dämpfung kann jedoch unterschiedlich sein. Sie kann vom Quadrat der Geschwindigkeit abhängen (Fall 1), linear von der Geschwindigkeit abhängen (Fall 2) oder überhaupt konstant sein (Fall 3). In jedem Fall verringert sich durch die Dämpfung allmählich die Schwingungsamplitude.

Ein Beispiel für eine gedämpfte Schwingung liefert ein Federpendel, das in einer Flüssigkeit, deren Zähigkeit unterschiedlich sein kann, schwingt. Analoges gilt auch für die Schwingung des Pendels in Luft, wo jedoch die Dämpfung sehr gering ist. Die Reibungskraft wirkt der Gewichtskraft des Pendelkörpers entgegen und ist oft proportional zur Geschwindigkeit: $Fr = -k \cdot \dot{x}$, wobei k der Reibungskoeffizient ist.
Die Bewegungsgleichung des Pendels lautet nun:

$$\ddot{x} = -\frac{D}{m} \cdot x - \frac{k}{m} \cdot \dot{x}$$

D ... Federkonstante
$\dot{x}$ ... Geschwindigkeit (v)
$\ddot{x}$ ... Beschleunigung (a)
m ... Masse des Pendelkörpers

Die Lösungen dieser Gleichung sind schon etwas komplizierter. Man unterscheidet zwei prinzipiell unterschiedliche Lösungen. In Luft etwa kommt das Pendel erst nach vielen Schwingungen zur Ruhe (Schwingfall), in Honig z.B. kriecht es langsam in die Ruhelage ohne über sie hinauszuschwingen (Kriechfall). Dazwischen liegt der sogenannte aperiodische Grenzfall, die schnellste Rückkehr zur Ruhelage.
Zur Lösung der Differentialgleichung entnimmt man einschlägigen Büchern den Ansatz

$$x(t) = e^{-\delta t} \left(X_1 \cos \omega t + X_2 \sin \omega t \right)$$

X_1 und X_2 sind Amplituden, die sich aus den Anfangsbedingungen ergeben. Man erhält dann für die Dämpfung den Dämpfungsfaktor

$$\delta = \frac{k}{2m}$$

und für die Frequenz

$$\omega = \sqrt{\frac{D}{m} - \delta^2} \quad \text{im Schwingfall bzw.} \quad \omega' = \sqrt{\delta^2 - \frac{D}{m}} \quad \text{im Kriechfall}$$

Für den aperiodischen Grenzfall gilt

$$\delta^2 - \frac{D}{m} = 0 \quad , \text{ daraus folgt } \quad D = m \cdot \delta^2 \quad \text{oder} \quad D = \frac{k^2}{4m}$$

Die Frequenz einer gedämpften Schwingung ist bei sonst gleichen Bedingungen kleiner als die der ungedämpften Schwingung. Bildet man das Verhältnis zweier aufeinanderfolgender Amplituden E1 und E2, deren zeitlicher Abstand gleich der Schwingungsdauer T der gedämpften Schwingung ist, so ergibt sich

$$\frac{E1}{E2} = e^{\delta \cdot T}$$

Dieses Amplitudenverhältnis ist also konstant. Man nennt die Größe $\delta \cdot T$ das logarithmische Dekrement Θ. Es charakterisiert die Dämpfung. Es gilt

$$\Theta = \ln \left(\frac{E1}{E2} \right)$$

Da man die Amplituden und die Schwingungsdauer gut messen kann, ist die Bestimmung von Θ mit großer Genauigkeit möglich; daraus erhält man die Dämpfungskonstante δ .

Die Reibungskraft ist in Wirklichkeit häufig proportional zum Quadrat der Geschwindigkeit. Die Bewegungsgleichung heißt dann

$$\ddot{x} = - \frac{F_r}{m} \cdot x - \frac{k}{m} \cdot \dot{x} \cdot |\dot{x}|$$

F_r ist wieder die rücktreibende Kraft. Da die Richtung der Reibungsktraft entgegengesetzt der Richtung der Geschwindigkeit ist, bei der Berechnung von $\dot{x}^2$ jedoch die Information über das Vorzeichen verlorengeht, muß mit $\dot{x} \cdot |\dot{x}|$ gerechnet werden.

Auch eine konstante Dämpfung ist denkbar. Dann erhält man die Gleichung

$$\ddot{x} = - \frac{F_r}{m} \cdot x - k \cdot \operatorname{sgn} \dot{x}$$

Dabei ist wieder das Vorzeichen der Geschwindigkeit zu berücksichtigen.

HINWEISE ZUR PROGRAMMGESTALTUNG

Die unterschiedlichen Arten der Dämpfung stehen zur Auswahl, wobei in drei Unterprogrammen (2300, 2400, 2500) die entsprechende Funktion zur Berechnung der Beschleunigung festgelegt wird. Aus der Bewegungsgleichung wird für kleine Zeitintervalle DT jeweils Ort (Elongation) S, Geschwindigkeit V und Beschleunigung A des Pendelkörpers berechnet und die Elongation S gegen die Zeit T aufgetragen. Der Skalenfaktor für Zeit und Amplitude ist vom Benutzer an seine Eingaben anzupassen. Das Koordinatensystem wird im Unterprogramm ab Zeile 1000 gezeichnet. Dazu wird hochauflösende Grafik verwendet, wobei in horizontaler Richtung 320 Punkte und in vertikaler Richtung 200 Punkte zur Verfügung stehen.

Die Berechnung selbst befindet sich in den Zeilen 500 - 590. Es wird im Halbschrittverfahren gerechnet, d.h. Beschleunigung und Geschwindigkeit werden in jedem Zeitabschnitt zweimal berechnet. Die Berechnung der Ortskoordinaten erfolgt für die Mitte des Zeitintervalls. Der alte Wert der Ortskoordinate wird als SA festgehalten. In Zeile 560 erfolgt eine Abfrage nach Nullstellen, aus denen im Unterprogramm ab 1600 die Schwingungsdauer aus der Zeit zwischen zwei Nullstellen (bei denen S das Vorzeichen wechselt) berechnet wird. In Zeile 570 wird die maximale Elongation festgehalten, die mitunter erst nach einiger Zeit erreicht wird, wenn der schwingende Körper aus der Ruhelage angestoßen wird (Anfangsgeschwindigkeit VO). Die Zeichnung erfolgt im Unterprogramm ab 1200, wobei zunächst die Bildschirmkoordinaten von T und S errechnet werden. Sie kann jederzeit durch Drücken der Taste "S" gestoppt werden. Automatischer Abbruch erfolgt erst bei Erreichen des rechten Bildschirmrandes (Zeile 1240).

Für den Fall 2 (Dämpfung ist proportional zur Geschwindigkeit) wird zusätzlich die entsprechende Exponentialfunktion gezeichnet (ab 2000), wobei die Frequenz W und die Dämpfungskonstante DE nach der Formel berechnet werden. Außerdem werden die maximale Elongation EM und der Phasenwinkel PH, der zusammen mit der Schwingungsdauer im Unterprogramm ab 2000 berechnet wird, benötigt. Hier erfolgt auch die Fallunterscheidung in Schwingfall, Kriechfall und aperiodischen Grenzfall.

LISTE DER VERWENDETEN VARIABLEN

D	gewählte Dämpfungsart
C	Reibungskraft
FR	Richtgröße ("rücktreibende Kraft")
M	Masse des Pendelkörpers
E	Elongation zu Beginn
VO	Anfangsgeschwindigkeit
DT	Zeitschritt
SK	Skalenfaktor für die Zeitachse
ZF	Skalenfaktor für die Elongation
F	Richtgröße dividiert durch Masse
C1	Beschleunigungsfaktor der Reibung (Bremsung)
FNB(V)	Funktion zur Berechnung der Reibung
T	Zeit
S	Ort des Pendelkörpers zur Zeit T
V	Geschwindigkeit des Pendelkörpers
A	Beschleunigung
SA	alter Wert der Elongation
EM	maximale Elongation
TS, SS	Bildschirmkoordinaten
E$	Elongation zu Beginn (für Grafik)
T$	dargestelltes Zeitintervall
C$	Größe der "Reibungskraft"
A$	stoppt die Zeichnung, wenn A$="S" ist
P	Zähler zur Berechnung der Periodendauer
T(P)	Zeitpunkte zur Bestimmung der Periodendauer
U	Periodendauer
PH	Phasenwinkel
U$	Periodendauer (für Grafik)
WO$	Kreisfrequenz für die ungedämpgfte Schwingung
DE	Dämpfungsfaktor für die Exponentialfunktion
W	Kreisfrequenz der gedämpften Schwingung
UB	Schwingungsdauer (berechnet nach der Formel)
UU$	Schwingungsdauer (für Grafik)
WO	Frequenz der ged. Schwingung (nach der Formel)
Y	Funktionswert der Exponentialfunktion

```
5 REM    ***************************
6 REM    *  GEDAEMPFTE SCHWINGUNG  *
7 REM    ***************************
8 :
9 :
10 PRINT"⌂"
20 PRINT AT(6,3)"┌─────────────────────┐"
30 PRINTAT(6,4)"I GEDAEMPFTE SCHWINGUNG  I"
40 PRINT AT(6,5)"└─────────────────────┘"
50 PRINT:PRINT
60 PRINT" BESCHLEUNIGUNG / DAEMPFUNG :":PRINT
70 PRINT"     A=-FR/M*S-C/M*V*IVI ...(1)":PRINT:PRINT
80 PRINT"     A=-FR/M*S-C/M*V     ...(2)":PRINT:PRINT
90 PRINT"     A=-FR/M*S-C*SGN(V)  ...(3)":PRINT
100 PRINT"      (KONSTANTE DAEMPFUNG)":PRINT:PRINT:PRINT
105 :
106 REM ***    * * *
107 REM ***   EINGABE  ***
108 REM ***    * * *
109 :
110 INPUT" WELCHE BESCHLEUNIGUNG    1███I";D
120 PRINT"⌂"
130 IF D=1 THEN INPUT" WIDERSTAND C    1.2█████I";C:PRINT:GOTO 150
140 INPUT" WIDERSTAND C    .1█████I";C:PRINT
150 INPUT" MASSE    1████I";M:PRINT
160 INPUT" RICHTGROESSE FR    1███I";FR:PRINT
170 INPUT" ELONGATION E    .5████I";E:PRINT
180 INPUT" ANSTOSS V0    0████I";V0:PRINT:PRINT
190 INPUT" ZEITSCHRITT    .1████I";DT:PRINT
200 INPUT" SKALENFAKTOR    10█████I";SK:PRINT
210 F=FR/M:C1=C/M
220 ON D GOSUB 2300,2400,2500
230 V=V0:S=E:T=0:P=0
240 E=.1*INT(10*E+.5)
250 E$="S0="+STR$(E)
260 INPUT" FAKTOR FUER AMPLITUDE    100██████I";ZF
270 PRINT AT(1,20)"MIT 'S' KANN ZEICHNUNG GESTOPPT WERDEN":PRINT
280 PRINT"          BEGINN MIT 'RETURN'"
290 PAUSE 100
300 GOSUB 1000
495 :
496 REM ***      * * *
497 REM *** RECHENSCHLEIFE ***
498 REM ***      * * *
499 :
500 GOSUB 1300
510 SA=S
520 T=T+DT
530 S=S+V*DT
540 GOSUB 1300
550 IF P<2 THEN IF SA>=0 THEN IF S<0 THEN GOSUB1600
560 IF P<2 THEN IF EM=0 THEN IF SA >S THEN EM=SA
570 GOSUB 1200
580 GOTO 500
695 :
696 REM ***     * * *
697 REM *** PROGRAMMENDE ***
698 REM ***     * * *
699 :
700 IF D=2 THEN GOSUB 2000
710 PAUSE 1000
720 END
```

```
996 REM ***           * * *
997 REM *** KOORDINATENSYSTEM ***
998 REM ***           * * *
999 :
1000 HIRES 1,6
1010 LINE 10,10,10,190,1
1020 LINE 10,100,320,100,1
1030 TEXT 0,5,"S",1,1,8
1040 LINE 310,105,310,95,1
1050 T$=STR$(300/SK)+" S"
1060 TEXT 285,125,T$,1,1,6
1070 TEXT 310,85,"T",1,1,6
1080 TEXT 25,5,E$,1,1,8
1090 C$="C ="+STR$(C)
1100 TEXT 100,5,C$,1,1,8
1110 RETURN
1195 :
1196 REM ***      * * *
1197 REM ***   ZEICHNUNG   ***
1198 REM ***      * * *
1199 :
1200 TS=T*SK+10
1210 SS=100-ZF*S
1220 PLOT TS,SS,1
1230 GET A$:IFA$="S"THEN 700
1240 IF SK*T >=300 THEN 700
1250 RETURN
1295 :
1296 REM ***           * * *
1297 REM *** BESCHLEUNIGUNG ***
1298 REM ***           * * *
1299 :
1300 A=-F*S-FNB(V)
1310 V=V+A*DT/2
1320 RETURN
1595 :
1596 REM ***           * * *
1597 REM *** ANGABE PERIODENDAUER ***
1598 REM ***           * * *
1599 :
1600 P=P+1
1610 T(P)=T
1620 U=T(2)-T(1)
1630 PH=2*π/U*T(1)-π/2
1640 IF P=2 THEN GOSUB 1700
1650 RETURN
1700 TEXT 200,5,"PERIODENDAUER",1,1,8
1710 U$=STR$(.0001*INT(10000*U+.5))+" S"
1720 TEXT 200,20,U$,1,1,8
1730 RETURN
1995 :
1996 REM ***           * * *
1997 REM *** EXPONENTIALFUNKTION ***
1998 REM ***           * * *
1999 :
2000 W0=SQR(FR/M):DE=C/(2*M)
2010 IF DE=W0 THEN F$="APERIODISCHER GRENZFALL":GOTO 2070
2012 IF DE>W0 THEN F$="KRIECHFALL":GOTO 2070
2014 W=SQR(W0*W0-DE*DE):UB=2*π/W
2016 UU$=STR$(.0001*INT(10000*2*π/W0+.5))+" S"
2018 TEXT 100,170,"PERIODENDAUER (UNGEDAEMPFT)",1,1,8
```

```
2019 TEXT 120,190,UU$,1,1,8
2020 FOR T=0 TO 300/SK STEP DT
2030 Y=EM*EXP(-DE*(T-PH))
2040 PLOT SK*T+10,100-ZF*Y,1
2050 NEXT T
2060 IF DE<W0 THEN 2100
2070 TEXT 110,180,F$,1,1,8
2100 RETURN
2295 :
2296 REM ***              * * *
2297 REM *** DAEMPFUNGSFUNKTION ***
2298 REM ***              * * *
2299 :
2300 DEF FNB(V)=C1*V*ABS(V)
2310 RETURN
2400 DEF FNB(V)=C1*V
2410 RETURN
2500 DEF FNB(V)=C1*SGN(V)
2510 RETURN
```

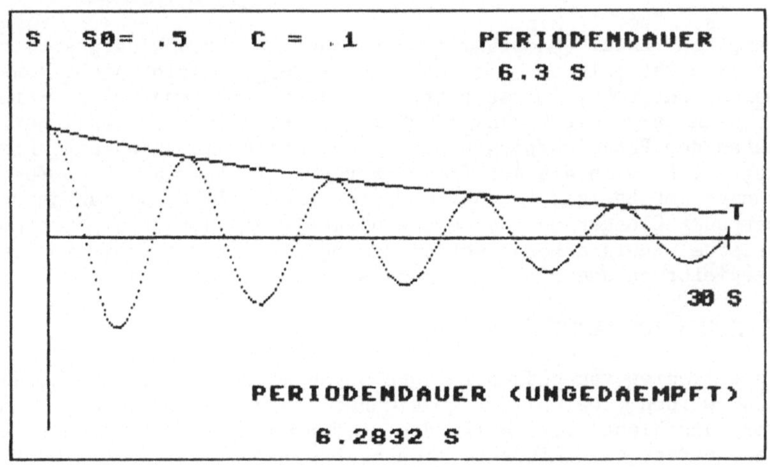

12. SCHWINGUNGSENERGIE

PHYSIKALISCHE GRUNDLAGEN

Wenn sich ein Federpendel bewegt, besitzt sein Pendelkörper kinetische Energie

$$W_{kin}(t) = \frac{m}{2} \cdot \dot{x}^2(t)$$

Ist es aus der Ruhelage ausgelenkt, so hat es gegen die rücktreibende Kraft Arbeit leisten müssen, die dann als potentielle Energie der Feder gespeichert ist.

$$W_{pot}(t) = \frac{D}{2} \cdot x^2(t)$$

Dabei ist m die Pendelmasse, D die Federkonstante, x die Elongation und $\dot{x}$ die Geschwindigkeit.
Bei der ungedämpften harmonischen Schwingung addieren sich beide Energieformen ständig zu einem konstanten Wert, der vom Quadrat der Amplitude abhängt.

$$W_s = W_{pot} + W_{kin} = \frac{D}{2} \cdot X^2$$

Beim gedämpften Pendel (Dämpfung proportional zur Geschwindigkeit) nimmt die Amplitude exponentiell ab. Die Schwingungsenergie bleibt nicht konstant, da Reibungswärme entsteht. Diese entsteht jedoch nur, wenn eine Reibungskraft auftritt, wenn also die Geschwindigkeit des Pendels nicht null ist. In den Umkehrpunkten des Pendelkörpers bleibt die Energie also konstant. Die entsprechende Kurve läßt sich als Art Treppenkurve qualitativ angeben. Zur punktweisen Berechnung der Energie ist der Computer unerläßlich, da für jeden betrachteten Zeitpunkt Elongation und Geschwindigkeit und daraus die potentielle und die kinetische Energie berechnet werden müssen. In dem Programm werden die beiden Energieformen und die Summe daraus grafisch dargestellt.

HINWEISE ZUR PROGRAMMGESTALTUNG

Die Energiebilanzen von gedämpfter und ungedämpfter Schwingung werden verglichen. Dazu werden zwei Bilder gezeichnet, zwischen denen man "umblättern" kann. Dies geschieht mit Hilfe des Hilfsprogrammes "GDUMP", welches die Bilder in getrennten Speicherbereichen abspeichert und dann wieder auf dem Bildschirm darstellbar macht.
Es muß vor der Programmeingabe geladen werden. Das 1. Bild wird im Speicherbereich \$4000 - \$5FFF abgelegt (das entsprechende Maschinenprogramm wird mit SYS 828 aufgerufen), das 2. Bild in \$6000 - \$7FFF (mit SYS 831). Durch Aufrufen der Maschinenprogramme SYS 834 bzw. SYS 837 können die beiden Bilder wieder zurück auf den Bildschirm gebracht werden.
Das Programm kann nur mit RUN/STOP und RESTORE beendet werden, was aber leicht abzuändern ist, wenn man z.B. festlegt, wie oft man "umblättern" will. Zur Berechnung der potentiellen und der kinetischen Energie in jedem Zeitintervall müssen Elongation und Geschwindigkeit des schwingenden Körpers bekannt sein. Die Berechnung erfolgt in der Schleife von Zeile 300 bis 370. Es wird hier im Halbschrittverfahren gerechnet, Beschleunigung und Geschwindigkeit werden also im Unterprogramm ab 1400 zweimal pro Zeitintervall berechnet. Die Dämpfung wird durch die Funktion FNA(V) festgelegt, die dann für die ungedämpfte Schwingung null gesetzt wird. Die Unterscheidung erfolgt mit Hilfe der Variablen S\$, die mit "gedämpft" oder "ungedämpft" belegt wird und auch am Bildschirm die Art der Schwingung angibt.

Die Zeichnung erfolgt im Unterprogramm ab 1200, wo auch für T, S, WP, WK, WG entsprechende Bildschirmkoordinaten berechnet werden. Es wird jeweils die Schwingung und in dem zweiten Diagramm die Energie dargestellt. Die Zeichnung kann jederzeit mit der Taste "S" unterbrochen werden, sie bleibt jedoch noch sichtbar, weil ein Sprung zu Zeile 380 bzw. 800 zum Befehl PAUSE 100 erfolgt. Um gleich fortzusetzen, muß noch die RETURN – Taste betätigt werden. Dies gilt auch für das "Umblättern" zwischen den beiden Bildern.

LISTE DER VERWENDETEN VARIABLEN:

C	Reibungskraft
C1	Beschleunigungsfaktor der Reibung
M	Masse
FR	Richtgröße ("rücktreibende Kraft")
F	Richtgröße dividiert durch Masse
E	Elongation zu Beginn
VO	Anfangsgeschwindigkeit
DT	Zeitschritt
SK	Skalenfaktor für die Zeitachse
ZF	Skalenfaktor für die Amplitude
S$	gibt die Art der Schwingung an
I	Zählvariable für Koordinatensystem
T	Zeit
TS	Bildschirmkoordinate für T
S	Ort des Pendelkörpers
V	Geschwindigkeit
A	Beschleunigung
WP	potentielle Energie
WK	kinetische Energie
WG	Gesamtenergie
X	Skalenfaktor für die Energie
W1,W2,W3	Bildschirmkoordinaten für die Energie
SS	Bildschirmkoordinate für S
A$	stoppt die Zeichnung, wenn A$ = "S"
WO	Frequenz der ungedämpften Schwingung
P$	Periodendauer (für Grafik)
FNA(V)	Dämpfung

```
5 REM     **************************
6 REM     *   SCHWINGUNGSENERGIE   *
7 REM     **************************
8 :
9 :
10 PRINT"⬛":POKE 53280,1:POKE53281,1
11 PRINT AT(8,3)"┌────────────────────┐"
12 PRINT AT(8,4)"│  SCHWINGUNGSENERGIE │"
13 PRINT AT(8,5)"└────────────────────┘"
14 IF PEEK(828)=76 THEN 40
15 PRINT CHR$(28):PRINT AT(10,16)"G D U M P  LADEN !"
20 FLASH 2,9:PAUSE 2:OFF
30 PAUSE 100
40 PRINT CHR$(144)
50 PRINT AT(14,7)"VERGLEICH":PRINT
60 PRINT:PRINT" UNGEDAEMPFTE - GEDAEMPFTE SCHWINGUNG":PRINT:PRINT:PRINT
70 PRINT" BESCHLEUNIGUNG  :":PRINT
80 PRINT"       A=-FR/M*S-C/M*V         ":PRINT:PRINT
85 :
86 REM ***    * * *
87 REM ***   EINGABE  ***
88 REM ***    * * *
89 :
90 INPUT" WIDERSTAND C    .1▮▮▮▮▮";C
100 INPUT" MASSE     1▮▮▮▮";M
110 INPUT" RICHTGROESSE FR   1▮▮▮▮";FR
120 INPUT" ELONGATION E    .5▮▮▮▮▮";E
130 INPUT" ANSTOSS V0    0▮▮▮▮";V0
140 INPUT" ZEITSCHRITT   .05▮▮▮▮▮▮";DT:PRINT
150 INPUT" SKALENFAKTOR   10▮▮▮▮";SK
160 F=FR/M:C1=C/M
170 INPUT" FAKTOR FUER AMPLITUDE   50▮▮▮▮▮";ZF:PRINT
180 PRINT"MIT 'S' KANN ZEICHNUNG GESTOPPT WERDEN":PRINT
190 PRINT"BEGINN MIT 'RETURN'":PAUSE 100
195 :
196 REM ***          * * *
197 REM *** GEDAEMPFTE SCHWINGUNG ***
198 REM ***          * * *
199 :
200 S$="GEDAEMPFT":DEF FNA(V)=C1*V
210 GOSUB 1000
220 V=V0:S=E:T=0
295 :
296 REM ***       * * *
297 REM *** RECHENSCHLEIFE ***
298 REM ***       * * *
299 :
300 GOSUB 1400
310 T=T+DT
320 S=S+V*DT
330 GOSUB 1400
340 WP=FR*S*S/2:WK=M*V*V/2:WG=WP+WK
350 IF X=0 THEN X=80/WG
360 GOSUB 1200
370 GOTO 300
380 TEXT 95,130,"'RETURN'",1,1,7:PAUSE 100
390 IF PEEK(828)=76 THEN SYS 828:REM *** BILD 1 IN $4000-$5FFF ***
400 IFS$="UNGEDAEMPFT" THEN 800
```

```
496 REM ***         * * *
497 REM *** UNGED.SCHWINGUNG ***
498 REM ***         * * *
499 :
500 S$="UNGEDAEMPFT":DEF FNA(V)=0
510 GOSUB 1000
520 T=0:S=E:V=V0:A$=""
530 W0=SQR(FR/M):P$=STR$(.01*INT(100*2*π/W0+.5))+" S"
540 TEXT 110,140,"PERIODE",1,1,6
550 TEXT 110,150,P$,1,1,6
560 GOTO 300
795 :
796 REM ***     * * *
797 REM *** PROGRAMMENDE ***
798 REM ***     * * *
799 :
800 PAUSE 100
810 IF PEEK(828)<>76 THEN END
820 SYS 831:REM *** BILD 2 IN $6000-$7FFF ***
895 :
896 REM ***     * * *
897 REM *** UMBLAETTERN ***
898 REM ***     * * *
899 :
900 REM * BILD 1 ZURUECKHOLEN
910 HIRES 1,1:MULTI 0,8,14:SYS 834
920 PAUSE 100
930 REM * BILD 2 ZURUECKHOLEN
940 HIRES 1,1:MULTI 0,8,14:SYS 837
950 PAUSE 100
960 GOTO 900
970 END
995 :
996 REM ***         * * *
997 REM *** KOORDINATENSYSTEM ***
998 REM ***         * * *
999 :
1000 HIRES 0,1:MULTI 0,8,14:POKE 53281,1:POKE53280,1
1010 LINE 0,0,0,200,1
1020 LINE 0,50,160,50,1
1030 LINE 0,195,160,195,1
1040 TS=INT(160/SK)
1050 FOR I=1 TO TS
1060 T=160*I/TS
1070 LINE T,53,T,47,1
1080 LINE T,198,T,192,1
1090 NEXT I
1100 TEXT 153,55,"T",1,1,6
1110 TEXT 70,8,S$,1,1,8
1120 TEXT 95,90,"ENERGIE",1,1,8
1130 TEXT 110,105,"E POT",2,1,8
1140 TEXT 110,115,"E KIN",3,1,8
1150 RETURN
1195 :
1196 REM ***     * * *
1197 REM ***   GRAFIK    ***
1198 REM ***     * * *
1199 :
1200 TS=SK*T:SS=50-ZF*S
1210 W1=195-X*WP:W2=195-X*WK:W3=195-X*WG
1220 PLOT TS,SS,2
1230 PLOT TS,W1,2
```

```
1240 PLOT TS,W2,3
1250 PLOT TS,W3,1
1260 GET A$:IF A$="S" THEN IF S$="GEDAEMPFT" THEN 380
1270 IF A$="S" THEN IF S$="UNGEDAEMPFT" THEN 800
1280 IF TS>=100 THEN IF S$="UNGEDAEMPFT" THEN 800
1290 IF TS>=160 THEN 380
1300 RETURN
1395 :
1396 REM ***           * * *
1397 REM ***   BESCHLEUNIGUNG ***
1398 REM ***           * * *
1399 :
1400 A=-F*S-FNA(V)
1420 V=V+A*DT/2
1430 RETURN
```

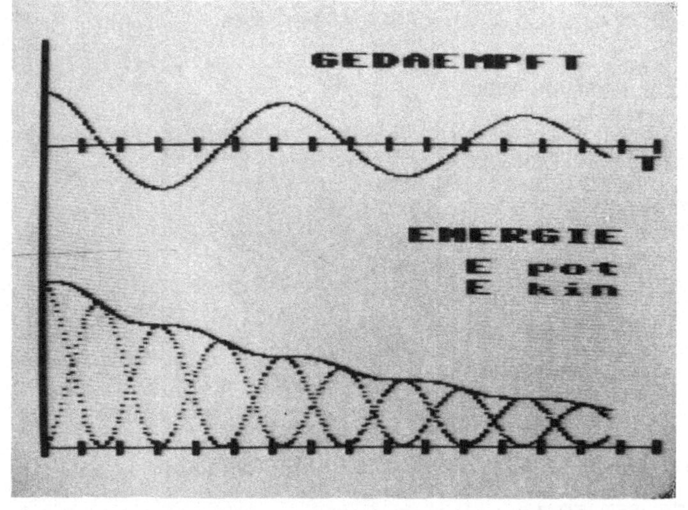

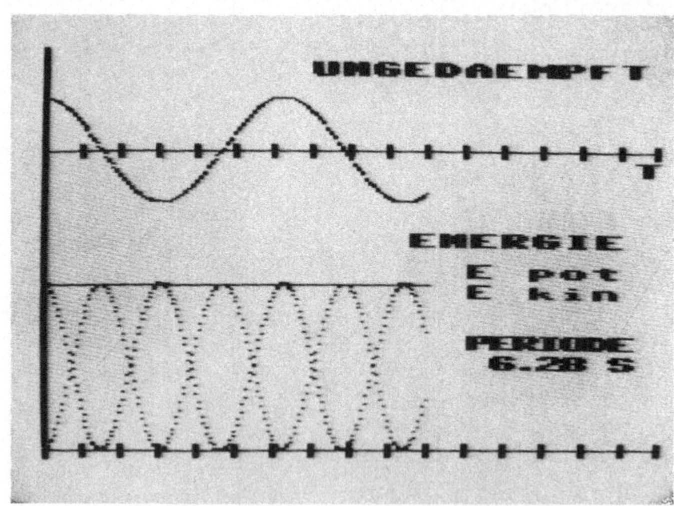

13. GEKOPPELTE PENDEL

PHYSIKALISCHE GRUNDLAGEN - PROGRAMMAUFBAU

Zwei gleiche Pendel können z.B. durch Anbringen einer Feder oder eines kleinen Gewichtes gekoppelt werden. Diese Anordnung läßt sich auf mehrere Arten in Schwingung versetzen:

1. Man kann beide Pendel um das gleiche Stück nach der gleichen Seite auslenken und gleichzeitig loslassen. Die beiden Pendel schwingen dann in gleicher Phase nebeneinander. Die Frequenz dieser Schwingung stimmt mit der Eigenfrequenz der beiden Pendel überein.

2. Wenn man beide Pendel um das gleiche Stück nach entgegengesetzten Seiten auslenkt und dann gleichzeitig losläßt, schwingen die beiden Pendel mit entgegengesetzter Phase. Die Frequenz ist größer als im ersten Fall. Da die Feder beim Auslenken der Pendel gespannt wird, werden sie beim Zurückschwingen zusätzlich beschleunigt und bewegen sich schneller. Die Rückstellkraft ist also größer.

3. Lenkt man nur ein Pendel aus und hält das andere fest, so passiert beim gleichzeitigen Loslassen der Pendel folgendes: Das eine Pendel schwingt mit abnehmender Amplitude bis diese null wird. Das zweite Pendel gerät erst in Schwingung, und seine Amplitude nimmt bis zu einem Maximalwert zu, der dann erreicht ist, wenn das andere Pendel zur Ruhe gekommen ist. Die Frequenz ist der Mittelwert der beiden Frequenzen der beiden anderen Fälle. Die Bewegung gleicht einer Schwebung und läßt sich als Überlagerung der ersten beiden Schwingungsformen ansehen. Die Kopplung bremst nun die Bewegung des zweiten Pendels und regt die des ersten Pendels an. Die Bewegungen der beiden Pendel sind um $\pi/2$ phasenverschoben. Die Schwingungsenergie geht vom 1. Pendel auf das zweite Pendel bis zur vollständigen Übertragung über und umgekehrt. Je stärker die Kopplung ist, desto schneller erfolgt diese Übertragung.

Zur Berechnung der Elongationen der beiden Pendel muß man ihre Masse m, die Pendellänge 1, die Fallbeschleunigung g und die Federkonstante der Kopplungsfeder D kennen.

Auf jedes Pendel wirkt die Komponente des Gewichtes

$$-\frac{m \cdot g}{1} \cdot s_1 \quad \text{bzw.} \quad -\frac{m \cdot g}{1} \cdot s_2$$

Die Federkraft hängt von der Dehnung der Feder und damit von der Auslenkung der Pendel ab. Auf das erste Pendel wirkt die Federktraft

$$-D \cdot (s_1 - s_2)$$

auf das zweite Pendel die entgegengesetzte Kraft

$$-D \cdot (s_2 - s_1)$$

Die Bewegungsgleichungen der beiden Pendel lauten daher:

$$m \cdot \ddot{s}_1 = -\frac{m \cdot g}{1} \cdot s_1 - D \cdot (s_1 - s_2) \qquad m \cdot \ddot{s}_2 = -\frac{m \cdot g}{1} \cdot s_2 - D \cdot (s_2 - s_1)$$

Für die Beschleunigungen gilt:

$$\ddot{s}_1 = -\frac{g}{1} \cdot s_1 - \frac{D}{m} \cdot (s_1 - s_2) \qquad \ddot{s}_2 = -\frac{g}{1} \cdot s_2 - \frac{D}{m} \cdot (s_2 - s_1)$$

Mit kleinen Kunstgriffen lassen sich diese Differentialgleichungen auch
lösen, was in den Lehrbüchern gezeigt wird.
Hier soll wieder die Bewegung schrittweise betrachtet werden. Für kleine
Zeitintervalle werden Ort, Beschleunigung und Geschwindigkeit der beiden
Pendelörper berechnet und die Elongation grafisch dargestellt. Man erhält
ebenfalls die beiden Frequenzen der sogenannten Fundamentalschwingungen.

$$\omega = \sqrt{\frac{g}{l}} \qquad \omega' = \sqrt{\frac{g}{l} + \frac{2D}{m}}$$

Diese ergeben sich aus den Anregungsarten im 1. und 2. Fall.
Wenn man zur Anregung der Schwingung nur ein Pendel auslenkt (Fall 3), erhält
man als Frequenz tatsächlich den Mittelwert der beiden Frequenzen ω und ω'.

HINWEISE ZUR PROGRAMMGESTALTUNG

Im vorliegenden Programm wird von zwei gleichartigen Pendeln ausgegangen. Die
Anregung (Auslenkung) ist beliebig wählbar. Die Federkraft D der Kopplungs-
feder ist ebenfalls beliebig.
Im Unterprogramm ab 2000 wird das Koordinatensystem gezeichnet. Die Rechnung
erfolgt in den Zeilen 300 - 420. Zunächst wird die Elongation des ersten
Pendels festgehalten, weil sie zur Berechnung der Schwingungsdauer benötigt
wird. Dann wird der neue Wert der Elongation errechnet, anschließend wird die
Geschwindigkeit und die Beschleunigung für jedes der beiden Pendel berechnet.
Dabei ist K. = G/L der Faktor für die Beschleunigung, die vom Gewicht des
Pendelkörpers hervorgerufen wird und KK = D/M der Faktor für die von der
Kopplungsfeder verursachte Beschleunigung.
Die Zeichnung erfolgt im Unterprogramm ab 2200, wobei zunächst
Bildschirmkoordinaten für Zeit und Elongation berechnet werden. Das maximal
darstellbare Zeitintervall wird aus dem gewählten Skalenfaktor berechnet. Die
Schwingung wird jedoch weiter gezeichnet, wobei die Grafik gelöscht wird und
T wieder null gesetzt wird (Abfrage in 2210, Unterprogramm 3000). Durch Betä-
tigen der RETURN - Taste wird die Zeichnung sofort fortgesetzt, andernfalls
nach einer Pause von 100 s. Die Schwingungsdauer wird wie in den vorigen
Programmen ermittelt und mit den beiden Fundamentalschwingungen verglichen.
Die grafische Darstellung erfolgt im Multicolour - Modus, sodaß horizontal
eine Auflösung von 160 Punkten gegeben ist.

LISTE DER VERWENDETEN VARIABLEN

L	Pendellänge
M	Masse des Pendelkörpers
SA, SB	Auslenkung der beiden Pendel
D	Federkraft
SK	Skalenfaktor für die Amplitude
DT	Zeitschritt
ZF	Skalenfaktor für die Zeitachse
G	Fallbeschleunigung
K	Beschleunigungsfaktor durch Gewicht des Pendels
KK	Beschleunigungsfaktor durch Kopplungsfeder
S1, S2	Ort der beiden Pendelkörper
A1, A2	Beschleunigung der beiden Pendelkörper
V1, V2	Geschwindigkeit der beiden Pendelkörper
T	Zeit
X1, X2	Bildschirmkoordinaten der Elongationen
TS	Bildschirmkoordinate der Zeit
A, A$	Einheit auf der Koordinatenachse
Q	Variable zum Zeichnen des Koordinatensystems
Y	Alter Wert von S1
P	Zählvariable zur Bestimmung der Periodendauer
U, U$	Periodendauer
TU, W	Periodendauer nach der Formel (Fundamentalschwingungen)
TU$, W$	Stringvariable der Periodendauer (für Grafik)
T(P)	Zeitpunkte zur Bestimmung der Periodendauer

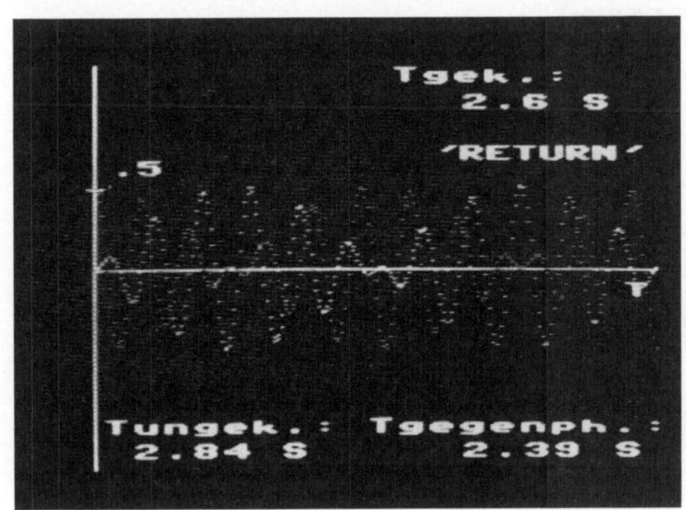

```
5 REM     ************************
6 REM     *   GEKOPPELTE PENDEL  *
7 REM     ************************
8 :
9 :
10 PRINT"⌴"
20 PRINT AT(9,6)"┌─────────────────────┐"
30 PRINT AT(9,7)"│  GEKOPPELTE PENDEL  │"
40 PRINT AT(9,8)"└─────────────────────┘"
50 PRINT AT(6,14)"ZWEI FADENPENDEL WERDEN MIT":PRINT
60 PRINT"          EINER FEDER GEKOPPELT"
70 PRINT AT(25,23)"´RETURN´":PAUSE 10
80 PRINT"⌴"
90 PRINT:PRINT
95 :
96 REM ***    * * *
97 REM ***  EINGABE ***
98 REM ***    * * *
99 :
100 INPUT" PENDELLAENGE L    2▮▮▮▮";L:PRINT
110 INPUT" PENDELMASSE M    1▮▮▮▮";M:PRINT
120 INPUT" AUSLENKUNG 1.PENDEL   0▮▮▮▮";SA:PRINT
130 INPUT" AUSLENKUNG 2.PENDEL   .5▮▮▮▮▮";SB:PRINT
140 INPUT" FEDERKONSTANTE D   1▮▮▮▮";D:PRINT:PRINT
150 INPUT" SKALENFAKTOR SK   80▮▮▮▮▮▮";SK:PRINT
160 INPUT" ZEITSCHRITT DT    .1▮▮▮▮▮";DT:PRINT
170 INPUT" ZEITFAKTOR ZF    5▮▮▮▮";ZF:PRINT
200 G=9.81
210 K=G/L:KK=D/M
220 S1=SA:S2=SB
230 TT=150/ZF
240 A=SA
250 IF SB>SA THEN A=SB
260 A=.1*INT(10*A+.5)
270 GOSUB 2000
295 :
296 REM ***      * * *
297 REM *** RECHENSCHLEIFE ***
298 REM ***      * * *
299 :
300 Y=S1
310 S1=S1+V1*DT
320 S2=S2+V2*DT
330 A1=-K*S1-KK*(S1-S2)
340 A2=-K*S2-KK*(S2-S1)
350 V1=V1+A1*DT
360 V2=V2+A2*DT
370 T=T+DT
380 GOSUB 2200
390 IF P<2 THEN IF Y>=0 THEN IF S1<0 THEN GOSUB 1000
400 GOTO 300
995 :
996 REM ***        * * *
997 REM *** SCHWINGUNGSDAUER ***
998 REM ***        * * *
999 :
1000 P=P+1
1010 T(P)=T
1020 U=T(2)-T(1)
1030 IF P<2 THEN 1150
1040 TEXT 90,2,"T▮GEK.:",1,1,8
```

```
1050 U$=STR$(.01*INT(100*U+.5))+" S"
1060 TÉXT 100,15,U$,1,1,8
1070 TU=2*π/SQR(K)
1080 TU$=STR$(.01*INT(100*TU+.5))+" S"
1090 TEXT 12,175,"T UNGEK.:",1,1,8
1100 TEXT 12,187,TU$,1,1,8
1110 W=2*π/SQR(K+2*KK)
1120 W$=STR$(.01*INT(100*W+.5))+" S"
1130 TEXT 83,175,"T GEGENPH.:",1,1,8
1140 TEXT 100,187,W$,1,1,8
1150 RETURN
1995 :
1996 REM ***         * * *
1997 REM *** KOORDINATENSYSTEM ***
1998 REM ***         * * *
1999 :
2000 HIRES 1,1:MULTI 1,13,10
2010 POKE 53280,11:POKE 53281,11
2020 LINE 10,0,10,200,1
2030 LINE 10,100,160,100,1
2040 TEXT 150,107,"T",1,1,1
2050 A$=STR$(A)
2060 Q=100-SK*A
2070 LINE 8,Q,12,Q,1
2080 TEXT 7,Q-13,A$,1,1,7
2090 RETURN
2195 :
2196 REM ***         * * *
2197 REM *** GRAFIK/SCHWINGUNG ***
2198 REM ***         * * *
2199 :
2200 X1=100-SK*S1:X2=100-SK*S2:TS=10+ZF*T
2210 IF T>TT THEN GOSUB 3000:GOSUB 2000
2220 IF X1>0 AND X1<=200 THEN PLOT TS,X1,2
2230 IF X2>0 AND X2<=200 THEN PLOT TS,X2,3
2240 RETURN
3000 T=0
3010 TEXT 100,40,"'RETURN'",1,1,7
3020 PAUSE 100
3030 RETURN
```

1 4. ÜBERLAGERUNG VON SCHWINGUNGEN

PHYSIKALISCHE GRUNDLAGEN - PROGRAMMAUFBAU

Die Überlagerung von zwei Schwingungen kann zu einer Schwebung führen. Dies ist z.B. der Fall, wenn man eine von zwei gleichartigen Stimmgabeln etwas verstimmt (z.B. durch Anbringen von Zusatzgewichten) und sie gleichzeitig anschlägt. Der Ton nimmt in seiner Stärke regelmäßig zu und ab. Die Schwebung erfolgt umso langsamer, je mehr die Stimmgabeln einander angeglichen werden, die Schwebungsfrequenz wird dann kleiner.
Diese Überlagerung von Schwingungen läßt sich auch mathematisch behandeln. Die beiden Schwingungen lassen sich als Sinus- bzw. Cosinus-Funktionen darstellen.
Wenn man zwei Schwingungen mit gleicher Frequenz, aber beliebiger Amplitude und Phasenverschiebung überlagert, entsteht wieder eine Schwingung der gleichen Frequenz, allerdings mit geänderter Amplitude und Phasenverschiebung.
Eine weitere Möglichkeit besteht darin, einer Schwingung mit der Frequenz f solche Schwingungen zu überlagern, deren Frequenzen ganzzahlige Vielfache der Frequenz f sind. Dann entsteht aus der Überlagerung ein Vorgang, der mit der Frequenz f erfolgt. Allerdings ist diese Schwingung nicht mehr harmonisch und nicht einfach sinusförmig, sondern weist ein wesentlich komplizierteres Aussehen auf. Die Schwingung mit der Frequenz f heißt Grundschwingung, die anderen Schwingungen sind die Oberschwingungen.
Umgekehrt kann man sich komplizierte periodische Vorgänge aus Grundschwingung und Oberschwingungen, also harmonischen Bestandteilen, aufgebaut denken (Fourieranalyse).
Auf ein Programm zur Fourieranalyse wurde hier bewußt verzichtet, da es dazu schon etliche Veröffentlichungen gibt.
In dem vorliegenden Programm wird für zwei beliebige Sinus- oder Cosinus-Schwingungen punktweise die Überlagerung durchgeführt.

HINWEISE ZUR PROGRAMMGESTALTUNG

Für zwei beliebige Sinus- oder Cosinus- Schwingungen wird die Überlagerung dargestellt, es ist aber auch möglich, nur eine Schwingung allein zeichnen zu lassen. Der gewählte Skalenfaktor bestimmt, wieviele Intervalle mit der Länge π dargestellt werden. Die Zeichnung erfolgt diesmal nicht in einem Unterprogramm, da sie ja Kernstück des Programms selbst ist. Die Schwingungsgleichungen werden ebenfalls angegeben. Bei den beiden Funktionen, die überlagert werden sollen, wird nur jeder dritte Punkt gezeichnet. Bei der Überlagerung wird jeder errechnete Punkt dargestellt.
Im Unterprogramm ab 900 erfolgt die Eingabe für die 1.Schwingung, falls die Überlagerung gezeichnet werden soll.
Der Skalenfaktor für die Amplitude wird in Zeile 180 aus den gewählten Amplituden berechnet. Der Skalenfaktor für die Zeitachse ist einzugeben, womit man die Breite der Zeichnung den jeweiligen Wünschen anpassen kann.
Bei den beiden Schwingungen wird nur jeder 3. Punkt graphisch dargestellt, damit man die Kurven besser unterscheiden kann. Die Kurve, die durch Überlagerung entsteht, wird als letzte gezeichnet (ab 800). Die Bildschirmkoordinate der Amplitude wird als Feld ZS(W) gespeichert.

LISTE DER VERWENDETEN VARIABLEN

U$	Überlagerung, wenn U$ = "J"
F1$	1. Funktion Sinus- oder Cosinus- Funktion
F0$	2. Funktion Sinus- oder Cosinus- Funktion
A1, A0	Amplituden
W1, W0	Frequenzen
P1,P0	Phasenwinkel
DT	Zeitschritt
SA	Skalenfaktor für Amplitude
SZ	Skalenfaktor für Zeitachse
K, KK	Intervallbreite und Anzahl der Intervalle
I	Zählvariable für Koordinatensystem
Q,Q$	Variable für Koordinatensystem
P	Phasenwinkel im Bogenmaß
W	Zählvariable für Zeichnung
T	Zeit
TS	Bildschirmkoordinate für die Zeit
X1, X2	Elongationen
XS, YS	Bildschirmkoordinaten der Elongationen
Z	Elongation der Überlagerung
ZS(W)	gespeicherte Elongation der Überlagerung

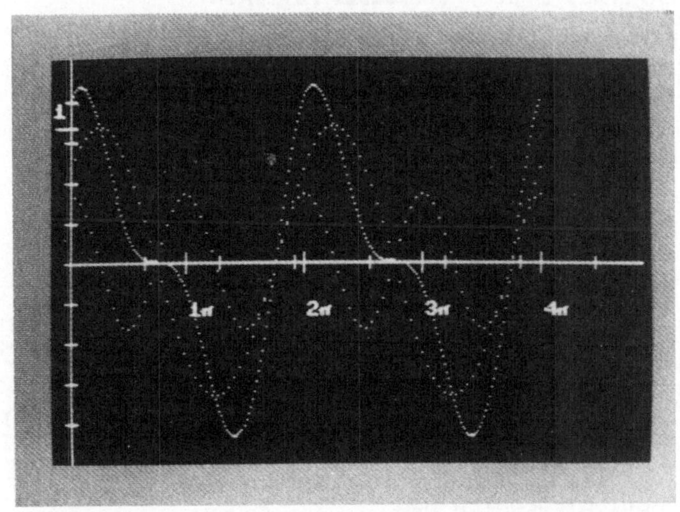

```
5 REM    ****************************************
6 REM    *  UEBERLAGERUNG VON SCHWINGUNGEN  *
7 REM    ****************************************
8 :
9 :
10 PRINT"□":POKE 53280,2:POKE 53281,2:PRINT CHR$(158)
20 PRINT AT(5,3)"┌────────────────────────┐"
30 PRINT AT(5,4)"│ U E B E R L A G E R U N G │"
40 PRINT AT(5,5)"│                          │"
50 PRINT AT(5,6)"│           V O N          │"
60 PRINT AT(5,7)"│                          │"
70 PRINT AT(5,8)"│ S C H W I N G U N G E N  │"
80 PRINT AT(5,9)"└────────────────────────┘"
90 PRINT AT(3,15) " SINUS- ODER COSINUS-FUNKTION":PRINT
100 PRINT"            KANN GEWAEHLT WERDEN":PRINT:PRINT:PRINT
105 :
106 REM ***    * * *
107 REM ***  EINGABE  ***
108 REM ***    * * *
109 :
110 INPUT" UEBERLAGERUNG (JA/NEIN) J/N    J███";U$:PRINT"□"
120 IF U$="J" THEN GOSUB 900
130 INPUT" SINUS ODER COSINUS   S/C    S███";F0$:PRINT
140 INPUT" AMPLITUDE A    .5████";A0:PRINT
150 INPUT" KREISFREQUENZ W   2███";W0:PRINT
160 INPUT" PHASENWINKEL PH   90█████";P0:PRINT:PRINT
170 INPUT" SCHRITTWEITE DT   .05██████";DT:PRINT
180 SA=100/(A0+A1)
190 INPUT" SKALENFAKTOR SZ(T)   20████";SZ
200 K=INT(310/π/SZ):KK=INT(K*π/DT)+10
210 DIM ZS(KK)
295 :
296 REM ***    * * *
297 REM *** FUNKTIONEN ***
298 REM ***    * * *
299 :
300 PAUSE 10:PRINT"□"
310 IF U$="N"THEN PRINT"SCHWINGUNG  :":PRINT:GOTO 370
320 PRINT"1.SCHWINGUNG  :":PRINT
330 IF F1$="C" THEN 350
340 PRINT"  X1 =";A1;"* SIN(";W1;" * T +";P1;" )":PRINT:PRINT:GOTO 360
350 PRINT"  X1 =";A1;"* COS(";W1;" * T +";P1;" )":PRINT:PRINT
360 PRINT"2.SCHWINGUNG  :":PRINT
370 IF F0$="C" THEN 390
380 PRINT"  X2 =";A0;" * SIN(";W0;" * T +";P0;" )":PRINT:PRINT:GOTO 400
390 PRINT"  X2 =";A0;" * COS(";W0;" * T +";P0;" )":PRINT:PRINT
395 :
396 REM ***       * * *
397 REM *** KOORDINATENSYSTEM ***
398 REM ***       * * *
399 :
400 PAUSE 10:HIRES 1,0:POKE 53280,6
410 LINE 10,0,10,200,1
420 LINE 10,100,315,100,1
430 FOR I=20 TO 180 STEP 20
440 LINE 7,I,13,I,1:NEXT I
450 FOR I=50 TO 290 STEP 40
460 LINE I,103,I,97,1:NEXT I
470 FOR I=1 TO K
480 Q=SZ*I*π:Q$=STR$(I)+"π"
490 LINE Q+10,105,Q+10,95,1
```

```
500 TEXT Q+5,120,Q$,1,1,6
510 NEXT I
520 Q=100-SA:Q$="1"
530 IF SA>=100 THEN Q=100-.5*SA:Q$=".5"
540 IF SA>=200 THEN 570
550 LINE 2,Q,13,Q,1
560 TEXT 0,Q-12,Q$,1,1,6
570 P1=P1*π/180:P0=P0*π/180
595 :
596 REM ***          * * *
597 REM *** VORGEGEBENE KURVEN ***
598 REM ***          * * *
599 :
600 W=0:K=K*π
610 FOR T=0 TO K STEP DT
620 W=W+1
630 TS=SZ*T+10
640 IF U$="N" THEN 690
650 X1=A1*SIN(W1*T+P1)
660 IF F1$="C" THEN X1=A1*COS(W1*T+P1)
670 XS=100-SA*X1
680 IF W/3=INT(W/3) THEN PLOT TS,XS,1
690 X2=A0*SIN(W0*T+P0)
700 IF F0$<>"S" THEN X2=A0*COS(W0*T+P0)
710 YS=100-SA*X2
720 IF W/3=INT(W/3) THEN PLOT TS,YS,1
730 Z=X1+X2:ZS(W)=100-SA*Z
740 NEXT T
750 W=0
760 IF U$="N" THEN 850
795 :
796 REM ***          * * *
797 REM *** UEBERLAGERUNG   ***
798 REM ***          * * *
799 :
800 FOR T=0 TO K STEP DT
810 W=W+1
820 TS=SZ*T+10
830 PLOT TS,ZS(W),1
840 NEXT T
850 PAUSE 1000
860 END
895 :
896 REM ***          * * *
897 REM *** UEBERL./1.FUNKTION ***
898 REM ***          * * *
899 :
900 PRINT AT(0,2)"1.SCHWINGUNG :":PRINT:PRINT
910 INPUT" SINUS ODER COSINUS   S/C    S███";F1$:PRINT
920 INPUT" AMPLITUDE A    1███";A1:PRINT
930 INPUT" KREISFREQUENZ W    1███";W1:PRINT
940 INPUT" PHASENWINKEL PH    45████";P1:PRINT
950 PRINT:PRINT" 2.SCHWINGUNG :":PRINT
960 RETURN
```

15. GEDÄMPFTE SCHWINGUNG MIT PLOTTER

PHYSIKALISCHE GRUNDLAGEN

Die Grundzüge des Programms decken sich mit denen des Programms 11, allerdings wird nur die Schwingung eines Federpendels dargestellt. Das Programm soll als Beispiel dienen, wie man den Plotter für physikalische Aufgaben einsetzen kann. Der Ausdruck auf dem Plotter bietet den Vorteil, daß er auch nach Abschalten des Computers erhalten bleibt, und wer zeigt nicht auch gern her, was er mit dem Computer machen kann?

HINWEISE ZUR PROGRAMMGESTALTUNG

Der Programmaufbau ist ähnlich wie beim Programm 11. Es wird allerdings hier nur eine Art der Dämpfung behandelt, und zwar hängt die Dämpfung vom Quadrat der Geschwindigkeit ab. Die Eingaben erfolgen ab Zeile 200. Zu Beginn (in Zeile 50) wird gefragt, ob der Plotter angeschlossen ist. Die Bestätigung erfolgt durch Drücken irgendeiner Taste. Die Rechenschleife ist im Abschnitt 300-380 enthalten, wobei Beschleunigung und Geschwindigkeit im Halbschrittverfahren berechnet werden (Unterprogramm 1300). Ab Zeile 600 wird die Periodendauer berechnet.
Im Unterprogramm ab 1000 wird das Koordinatensystem gezeichnet. Leider ist die Bedienung des Plotters wenig komfortabel. Beschriftungen anzubringen ist nur im nachhinein ratsam (ab 700). Um Befehle an den Plotter senden zu können, müssen einige Files eröffnet werden. Der Befehl heißt OPEN lfn, dn, sa mit den Parametern lfn = logische Filenummer, dn = Geräteadresse (beim Modell 1520 ist dn = 6) und sa = Sekundäradresse.Die Sekundäradresse 1 ermöglicht das Zeichnen von Punkten mit den Koordinaten x und y, die Sekundäradresse 2 ermöglicht die Wahl einer bestimmten Zeichenfarbe. Der Befehl OPEN 1,6 (Sekundäradresse 0 kann entfallen) in Zeile 1000 ermöglicht den Ausdruck von ASCII - Daten. Das File 2 (in 1010 eröffnet) steht für Zeichenbefehle zur Verfügung, das File 3 für Farbwechsel. Das Format der entsprechenden Befehle ist z.B. PRINT# lfn,"Befehl",X,Y zur Darstellung eines Punktes mit den Koordinaten X und Y. Im Programm wird zum Zeichnen das File 2 benützt, sodaß die entsprechenden Befehle mit PRINT#2 beginnen. Für die Sekundäradresse 1 gibt es folgende Befehle:

H   Bewegung zur Ausgangsposition
I   Festlegen des relativen Nullpunkts (derzeitige Position)
M   Bewegung zur Position (x, y) relativ zum absoluten Nullpunkt (Stift oben)
D   Zeichnen zur Position (x, y) relativ zum absoluten Nullpunkt(Stift unten)
R   Bewegung zur Position (x, y) relativ zum relativen Nullpunkt (Stift oben)
J   Zeichnen zur Position (x, y) relativ zum relativen Nullpunkt(Stift unten)

Nach jedem Carriage Return gilt ein neuer absoluter Nullpunkt, was das Beschriften sehr mühsam macht.
In 1030 wird beispielsweise mit PRINT#2,"M",20,-130 der Zeichenstift zur Position (20,-130) relativ zum absoluten Nullpunkt bewegt und diese Position mit dem Befehl PRINT#","I" in Zeile 1040 als relativer Nullpunkt festgelegt. Die Farbwahl erfolgt über die Sekundäradresse 2 (File 3), wobei die Farben 0 (schwarz), 1 (blau), 2 (grün) und 3 (rot) zur Auswahl stehen.
Die Aufzeichnung der Schwingung erfolgt im Unterprogramm ab 1200. Im Programmende - Block ab 700 wird die Zeitdauer der aufgezeichneten Schwingung und die Periodendauer angegeben. Danach werden alle eröffneten Files geschlossen.

LISTE DER VERWENDETEN VARIABLEN

A$	Taste, falls Plotter angeschlossen ist
M	Masse des Pendelkörpers
FR	Richtgröße
F	Richtgröße dividiert durch die Masse
C	Beschleunigungsfaktor durch Reibung
C1	C dividiert durch die Masse
B	Auslenkung zu Beginn
DT	Zeitschritt
SZ	Skalenfaktor für die Zeit
SK	Skalenfaktor für die Elongation
S	Weg (Elongation)
Y	alter Wert der Elongation
T	Zeit
V	Geschwindigkeit
A	Beschleunigung
TS, SS	Bildschirmkoordinaten von Zeit und Weg
P	Zählvariable zur Ermittlung der Periodendauer
T(P)	Zeitpunkt
U, U$	Periodendauer

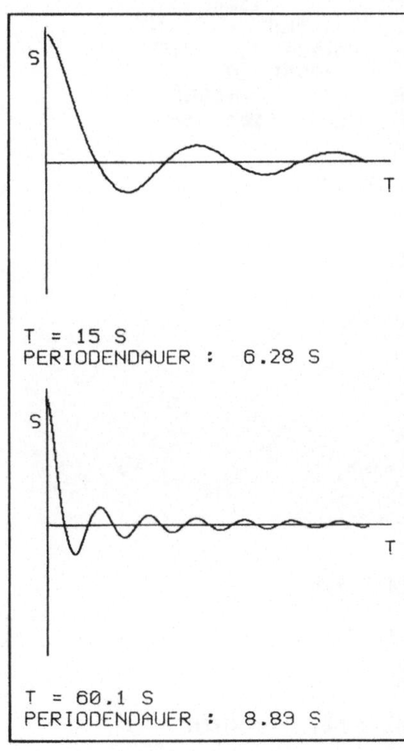

```
4 REM    ****************************
5 REM    *  GEDAEMPFTE SCHWINGUNG   *
6 REM    *       MIT PLOTTER        *
7 REM    ****************************
8 :
9 :
10 PRINT"]"
20 PRINT AT(7,5)"┌────────────────────────────┐"
30 PRINT AT(7,6)"│  GEDAEMPFTE SCHWINGUNG    │"
40 PRINT AT(7,7)"└────────────────────────────┘"
50 PRINT AT(9,17)"PLOTTER ANGESCHLOSSEN ?"
60 PRINT AT(30,23)"TASTE"
70 GET A$:IF A$="" THEN 70
80 PRINT"]"
90 PRINT AT(6,3)"DIE DAMPFUNG HAENGT AB VOM"
100 PRINT AT(6,5)"QUADRAT DER GESCHWINDIGKEIT"
110 PRINT AT(5,9)"BESCHLEUNIGUNG:"
120 PRINT AT(12,11)"A=-FR/M*S - C/M*V*I V I"
130 PRINT:PRINT
195 :
196 REM ***    * * *
197 REM ***  EINGABE   ***
198 REM ***    * * *
199 :
200 INPUT" MASSE      1███";M
210 INPUT" FEDERKONSTANTE  FR    1███";FR
220 INPUT" WIDERSTAND C    .1████";C:PRINT
230 INPUT" AUSLENKUNG      20████";B:PRINT
240 INPUT" ZEITSCHRITT     .1███";DT
250 INPUT" SKALENFAKTOR (ZEIT)  20███";SZ
260 INPUT" SKALENFAKTOR (WEG)   6███";SK
270 F=FR/M:C1=C/M
280 GOSUB 1000
290 V=0:S=B:T=0:P=0
295 :
296 REM ***      * * *
297 REM *** RECHENSCHLEIFE ***
298 REM ***      * * *
299 :
300 GOSUB 1300
310 Y=S
320 T=T+DT
330 S=S+V*DT
340 GOSUB 1300
350 IF T*SZ>=300 THEN 700
360 IF P<2 THEN IF Y>0 THEN IF S<=0 THEN GOTO 600
370 GOSUB 1200
380 GOTO 300
595 :
596 REM ***      * * *
597 REM *** PERIODENDAUER ***
598 REM ***      * * *
599 :
600 P=P+1
610 T(P)=T-S/V
620 U=T(2)-T(1)
630 IF P=2 THEN U$=STR$(.01*INT(100*U+.5))+" S"
640 GOTO 300
```

```
696 REM ***          * * *
697 REM *** BESCHRIFTUNG / ENDE ***
698 REM ***          * * *
699 :
700 PRINT#3,0
710 T$="T ="+STR$(.01*INT(100*T+.5))+" S"
720 PRINT#2,"H"
730 PRINT#2,"H"
740 PRINT#2,"R",-15,90
750 PRINT#1,"S"
760 PRINT#2,"M",335,-100
770 PRINT#1,"T"
780 PRINT#2,"M",0,-120
790 PRINT#1,T$
800 PRINT#1,"PERIODENDAUER : ";U$
810 CLOSE1,6
820 CLOSE2,6,1
830 CLOSE3,6,2
840 END
995 :
996 REM ***          * * *
997 REM *** KOORDINATENSYSTEM ***
998 REM ***          * * *
999 :
1000 OPEN1,6
1010 OPEN2,6,1
1020 OPEN3,6,2
1030 PRINT#2,"M",20,-130
1040 PRINT#2,"I"
1050 PRINT#3,0
1060 PRINT#2,"R",0,-125
1070 PRINT#2,"J",0,125
1080 PRINT#2,"H"
1090 PRINT#2,"J",320,0
1100 PRINT#2,"H"
1110 PRINT#2,"I"
1120 PRINT#2,"R",0,120
1130 PRINT#3,3
1140 RETURN
1195 :
1196 REM *** * * *
1197 REM ***  GRAFIK  ***
1198 REM *** * * *
1199 :
1200 TS=SZ*T
1210 SS=SK*S
1220 PRINT#2,"J",TS,SS
1240 RETURN
1295 :
1296 REM ***          * * *
1297 REM *** BESCHLEUNIGUNG ***
1298 REM ***          * * *
1299 :
1300 A=-F*S-C1*V*ABS(V)
1310 V=V+A*DT/2
1320 RETURN
```

16. MODULATION

PROBLEMSTELLUNG

Zur drahtlosen Informationsübertragung mit Hilfe einer hochfrequenten Trägerfrequenz muß diese durch ein niederfrequentes Signal moduliert werden. Die
dabei verwendeten Modulationsarten sollen in diesem Programm behandelt
werden.

PHYSIKALISCHE GRUNDLAGEN - PROGRAMMAUFBAU

Niederfrequente elektrische Schwingungen, z.B. im Tonfrequenzbereich, können
von einem Sender nicht ausreichend abgestrahlt werden. Daher wird mit diesen
niederfrequenten Schwingungen im Sender eine hochfrequente Trägerschwingung
moduliert.
Unter Modulation versteht man die Aufprägung von niederfrequenten Signalen
auf eine hochfrequente Schwingung durch Veränderung entweder der Amplitude
(Amplitudenmodulation AM), der Frequenz (Frequenzmodulation FM) oder der
Phase (Phasenmodulation PM) der hochfrequenten Trägerschwingung.
Ist A = SIN (HF*T) die sinusförmige Trägerfrequenz und B = SIN(NF*T) das
sinusförmige Niederfrequenzsignal, so gilt für die modulierte Schwingung C:

```
Amplitudenmodulation AM ... C = A*(2 + B)/3
Frequenzmodulation FM ..... C = SIN(HF*T1)   mit T1 = T1 + 0.0025*(2 + B)
Phasenmodulation PM ....... C = SIN(HF*T + 5*B)
```

Um den Unterschied zwischen Modulation und Multiplikation bzw. Addition zu
zeigen, können auch diese beiden Verknüpfungen dargestellt werden:

```
Multiplikation ... C = A*B
Addition ........ C = (A + B)/2
```

HINWEISE ZUR PROGRAMMGESTALTUNG

Zu Beginn des Programms wird man daran erinnert, das Hilfsprogramm GDUMP zu
laden. Das Programm läuft jedoch auch ohne dieses Hilfsprogramm, nur kann man
dann die erste Grafikseite nicht wieder zurückholen. Falls GDUMP schon eingeladen war (Abfrage nach Inhalt der ersten Speicherstelle in 100), wird die
Erinnerung unterlassen.
Die in diesem Programm durchgeführten Verknüpfungsarten werden voererst am
Bildschirm angezeigt (180-220). Die HF- und NF-Frequenz kann beliebig gewählt
werden. In 300-540 wird das 1. Bild gezeichnet. Neben dem HF- unf NF-Signal
(340, 350) werden auf der 1. Seite noch die Addition und Multiplikation der
beiden Signale am Bildschirm dargestellt (500-530). Durch Abruf des Maschinen-
programms in Zeile 600 wird die 1. Seite gespeichert. Auf der 2. Seite werden
die drei Modulationsarten (1230-1250) berechnet und in 1300-1320 dargestellt.
In Zeile 1400 wird das Maschinenprogramm zum Abspeichern der 2. Seite aufgerufen. Falls GDUMP geladen ist, kann man nun mit 'RETURN' die 1. Bildschirmseite zurückholen.

LISTE DER VERWENDETEN VARIABLEN

HF	Frequenz der Trägerschwingung
NF	Niederfrequenz
T	Schleifenvariable (Zeit)
T1	Zeit für die Frequenzmodulation
A	Elongation der Hochfrequenz
B	Elongation der Niederfrequenz
C	Elongation der addierten Schwingung
D	Elongation der multiplizierten Schwingung
E	Elongation der amplitudenmodulierten Schwingung
F	Elongation der phasenmodulierten Schwingung
G	Elongation der frequenzmodulierten Schwingung

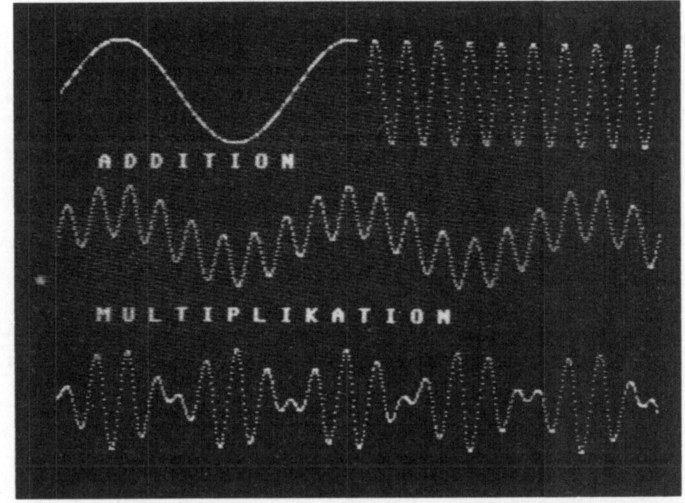

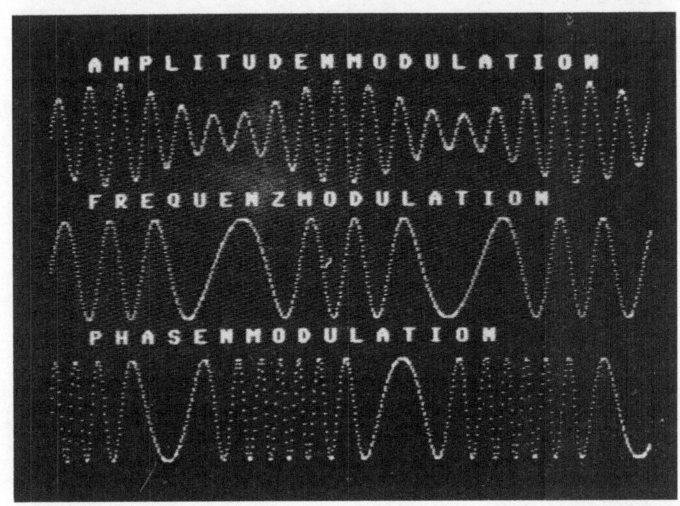

```
5 REM    ****************
6 REM    *  MODULATION  *
7 REM    ****************
8 :
9 :
40 PRINT"J"
50 PRINT AT(3,4)"┌─────────────────────────────────┐"
60 PRINT AT(3,5)"| VERKNUEPFUNG VON SCHWINGUNGEN   |"
70 PRINT AT(3,6)"└─────────────────────────────────┘"
100 IF PEEK(828)=76 THEN 180
110 PRINT CHR$(28):PRINT AT(9,17)"G D U M P  LADEN !"
120 FLASH 2,9:PAUSE 2:OFF
130 PAUSE 100
170 PRINT CHR$(144)
180 PRINT AT(4,9)"ADDITION":PRINT
190 PRINT AT(4,11)"MULTIPLIKATION":PRINT
200 PRINT AT(4,13)"AMPLITUDENMODULATION":PRINT
210 PRINT AT(4,15)"PHASENMODULATION":PRINT
220 PRINT AT(4,17)"FREQUENZMODULATION       ":PRINT:PRINT
230 PRINT"    'UMBLAETTERN' MIT 'RETURN'"
240 PAUSE 100
250 PRINT"J":PRINT:PRINT
260 PRINT"    EINGABEN :":PRINT:PRINT
270 INPUT"    FREQUENZEN : NF   2███";NF:PRINT
280 INPUT"                HF   15████";HF:PRINT
295 :
296 REM ***      * * *
297 REM ***    1. BILD     ***
298 REM ***      * * *
299 :
300 HIRES 1,6
310 TEXT 20,55,"A D D I T I O N",1,1,7
320 TEXT 20,130,"M U L T I P L I K A T I O N",1,1,7
330 FOR T=0 TO 8 STEP .01
340 A=SIN(HF*T)
350 B=SIN(NF*T)
360 C=(A+B)/2
370 D=A*B
380 IF T>4 THEN 510
500 PLOT 40*T,25-25*B,1
510 PLOT 165+40*T,25-25*A,1
520 PLOT 40*T,95-25*C,1
530 PLOT 40*T,175-25*D,1
540 NEXT
550 PAUSE 100
595 :
596 REM ***          * * *
597 REM *** 1.BILD ABSPEICHERN ***
598 REM ***          * * *
599 :
600 IF PEEK (828)=76 THEN SYS 828:REM BILD 1 IN $4000-$5FFF
995 :
996 REM ***      * * *
997 REM ***    2. BILD     ***
998 REM ***      * * *
999 :
1000 HIRES 1,6
1010 TEXT 20,0,"A M P L I T U D E N M O D U L A T I O N",1,1,7
1020 TEXT 20,67,"F R E Q U E N Z M O D U L A T I O N",1,1,7
1030 TEXT 20,135,"P H A S E N M O D U L A T I O N",1,1,7
1200 FOR T=0 TO 8 STEP .01
1210 A=SIN(HF*T)
```

```
1220 B=SIN(NF*T)
1230 E=A*(2+B)/3
1240 F=SIN(HF*T+B*5)
1250 G=SIN(HF*T1):T1=T1+.0025*(2+B)
1300 PLOT 40*T,38-25*E,1
1310 PLOT 40*T,105-25*G,1
1320 PLOT 40*T,175-25*F,1
1330 NEXT
1340 PAUSE 100
1350 IF PEEK(828)<>76 THEN END
1395 :
1396 REM ***          * * *
1397 REM *** 2.BILD ABSPEICHERN ***
1398 REM ***          * * *
1399 :
1400 SYS 831:REM BILD2 IN $6000-$7FFF
1495 :
1496 REM ***          * * *
1497 REM *** 1.BILD ZURUECKHOLEN ***
1498 REM ***          * * *
1499 :
1500 HIRES 1,6:SYS 834
1510 PAUSE 100
1595 :
1596 REM ***          * * *
1597 REM *** 2.BILD ZURUECKHOLEN ***
1598 REM ***          * * *
1599 :
1600 HIRES 1,6:SYS 837
1610 PAUSE 100
1620 GOTO 1500
1630 END
```

17. BRECHUNG

PROBLEMSTELLUNG

Beim Durchgang von Licht durch ein optisches Prisma wird der Lichtstrahl zweimal von der brechenden Kante weg gebrochen. Der Ablenkwinkel ist außer von der Wellenlänge des Lichtes noch vom Einfallswinkel und vom Material des Prismas abhängig.

PHYSIKALISCHE GRUNDLAGEN - PROGRAMMAUFBAU

Die Lichtgeschwindigkeit im Vakuum ist von der Wellenlänge unabhängig, in einem bestimmten Medium ist sie aber von der Wellenlänge abhöngig. Man nennt dies Dispersion. Die Wellenlänge im Spektrum nimmt vom violetten zum roten Licht ständig zu. Da die Fortpflanzungsgeschwindigkeit im Glas z.B. für violettes Licht kleiner als für rotes Licht ist, ist der Brechungsquotient für violettes Licht größer als für rotes Licht. Unter dem Brechungsquotienten versteht man das Verhältnis der Lichtgeschwindigkeiten in den beiden Medien. Der Brechungsquotient ist vorallem vom Medium abhängig. In diesem Programm können für vier Spektrallinien (A, D, E, H) jeweils vier verschiedene Medien (Kronglas, Flintglas, Wasser und Schwefelkohlenstoff) gewählt werden.
Die Wellenlängen sind im Programm in Zeile 150-180 angegeben, die jeweiligen Brechungsquotienten in den Unterprogrammen 2001-2004.
Neben dem Einfallswinkel ist die spektrale Auffächerung (Dispersion) auch noch von der Länge des Lichtweges durch das Prisma abhängig. Daher sind hier sowohl der Einfallswinkel des Lichtstrahls als auch die Auftreffstelle am Prisma mit Hilfe eines Joysticks wählbar. Für die vier Spektrallinien wird der Lichtweg durch das Prisma gezeichnet. Sollte im Prisma Totalreflexion auftreten, so wird der weitere Strahlenverlauf im Prisma bis zur nächsten Grenzfläche gezeichnet.

HINWEISE ZUR PROGRAMMGESTALTUNG

Auf der 1. Bildschirmseite werden die unterschiedlichen Medien für das Prisma zur Auswahl (Zeile 90) angeboten. In Zeile 100 werden drei 4-dimensionale Felder für die Brechungsquotienten N, die Brechungswinkel BE und Austritts- winkel DE festgelegt. Die Dimensionierung könnte zwar beim Commodore 64 unterbleiben, ist allerdings bei manchen anderen Geräten unbedingt erforderlich.
In den Unterprogrammen 2001 bis 2004 werden die Brechungsquotienten im betreffenden Medium bestimmt. Auf der 2. Bildschirmseite werden die verwendeten Wellenlängen und die Brechungsquotienten angegeben. Im Unterprogramm 1000 wird das Prisma gezeichnet. Der Auftreffpunkt wird mit Hilfe des Joysticks gewählt und der Einfallswinkel in der Grafikseite eingegeben (GET - Anweisung; Programmteil 310-420). In 440-500 wird der Anfangspunkt des Lichtstrahls aus dem Auftreffpunkt am Prisma ermittelt. In 520-550 wird der Lichtstrahl außerhalb des Prismas gezeichnet. In 600-700 wird der Verlauf des Lichtstrahls samt Aufspaltung im Prisma gezeichnet, wobei der Brechungswinkel mit Hilfe des Brechungsquotienten ermittelt wird. Da die Funktion arcsin nicht zur Verfügung steht, wird der Brechungswinkel über den arctan berechnet (610).
Im Programmteil 800-920 erfolgt die Zeichnung der Lichtstrahlen nach Verlassen des Prismas. Falls Totalreflexion eintritt, wird dies im Unterprogranmm 1200 angegeben. Bei der Berechnung der Winkel sind natürlich zusätzlich die Koordinaten der Lichtstrahlen auf dem Bildschirm zu berechnen, wobei die Winkel des Prismas mitberücksichtigt werden.

LISTE DER VERWENDETEN VARIABLEN

M, N$	Medium (Prisma)
C	Geschwindigkeit (Zeichengeschwindigkeit)
DT	Zeitschritt
X, Y	Koordinaten des Lichtstrahls
XX, YY	festgehaltene Koordinaten (Auftreffpunkt)
P	Joystick-Eingabe
A$	Ziffern des Einfallswinkels
AA, AA$	Einfallswinkel
AL	Einfallswinkel im Bogenmaß
A	Winkel des Lichtstrahls gegen Bildschirmrand
DX, DY	Strecken zur Ermittlung des Anfangspunktes
XA, YA	Koordinaten des Anfangspunktes
B	Zählvariable, Größe zur Berechnung des Brechungswinkels
BB	Brechungswinkel
BE	Winkel des Lichtstrahls zum Prisma
CX, CY	Geschwindigkeitskomponenten nach der Brechung
G	Einfallswinkel im Prisma
D	Größe zur Berechnung des Austrittswinkels
DD	Austrittswinkel
DE	Winkel des Lichtstrahls gegen Bildschirmrand
T$	Kennzeichnung der Totalreflexion
I	Schleifenvariable
N(I)	Brechungsindizes

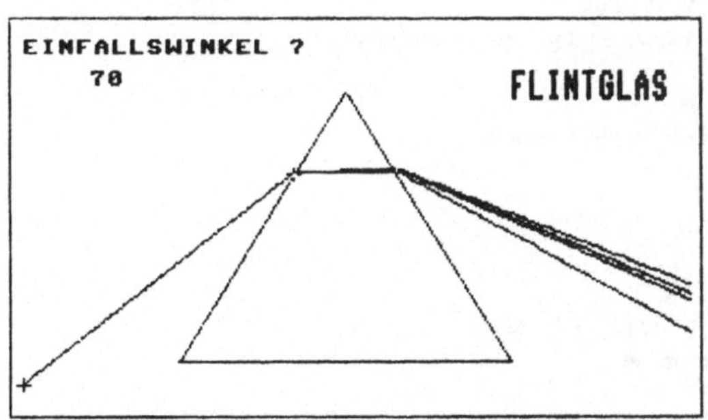

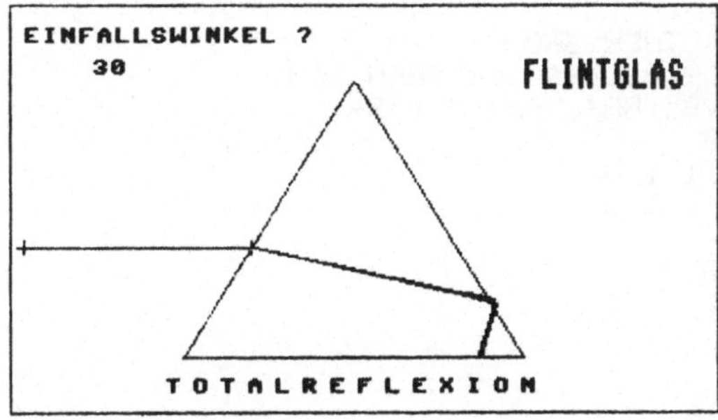

```
5 REM    **********************
6 REM    *  B R E C H U N G  *
7 REM    **********************
8 :
9 :
10 PRINT"J"
20 PRINT AT(5,2)"┌──────────────────────┐"
21 PRINT AT(5,3)"I   S T R A H L E N G A N G    I"
22 PRINT AT(5,4)"I                              I"
23 PRINT AT(5,5)"I  DURCH EIN OPTISCHES PRISMA  I"
24 PRINT AT(5,6)"L──────────────────────┘"
30 PRINT:PRINT"          D I S P E R S I O N":PRINT:PRINT
40 PRINT"    MEDIEN:":PRINT:PRINT
50 PRINT" KRONGLAS ............. 1":PRINT
60 PRINT" FLINTGLAS ............ 2":PRINT
70 PRINT" WASSER ............... 3":PRINT
80 PRINT" SCHWEFELKOHLENSTOFF .. 4":PRINT
90 PRINT:INPUT"      MEDIUM   2███";M:PRINT:PRINT
100 DIM N(4):DIM BE(4):DIM DE(4)
110 PRINT"J":POKE 53280,1:POKE 53281,1
120 ON M GOSUB 2001,2002,2003,2004
130 PRINT AT(3,1)N$:PRINT:PRINT
140 PRINT"  BRECHUNGSQUOTIENTEN :":PRINT
150 PRINT"A-LINIE (DUNKELROT): 760.8 NM  ";N(1):PRINT
160 PRINT"D-LINIE (GELB)     : 589.6 NM  ";N(2):PRINT
170 PRINT"E-LINIE (GRUEN)    : 527.0 NM  ";N(3):PRINT
180 PRINT"H-LINIE (VIOLETT)  : 396.8 NM  ";N(4)
190 PRINT AT(2,18)"AUFTREFFPUNKT MIT JOYSTICK WAEHLEN"
200 PRINT AT(7,20)"UND FEUERKNOPF DRUECKEN"
210 PRINT AT(32,23)"/RETURN/"
220 PAUSE 100:GOSUB 1000
230 C=10:DT=.1:X=110:Y=118:XX=X:YY=Y
295 :
296 REM ***      * * *
297 REM *** AUFTREFFPUNKT ***
298 REM ***      * * *
299 :
300 GOSUB 3000
305 :
306 REM ***      * * *
307 REM *** EINFALLSWINKEL ***
308 REM ***      * * *
309 :
310 LINE 107,118,113,118,2
320 LINE 110,115,110,121,2
330 I$="EINFALLSWINKEL ?"
340 TEXT 10,15,I$,1,1,8
350 A$="":AA$=""
360 GET A$:IF A$="" THEN 360
365 IF ASC(A$)>58 OR ASC(A$)<48 THEN 360
370 AA$=AA$+A$:AA=VAL(AA$):A$="":B=B+1
380 IF B<2 THEN 360
390 TEXT 40,30,AA$,1,1,8
400 TEXT 190,30,N$,1,2,8
410 AL=AA*π/180
420 A=(AA-30)*π/180
```

```
435 :
436 REM ***           * * *
437 REM *** LICHTSTRAHL AUSSERHALB ***
438 REM ***           * * *
439 :
440 DX=X-10:DY=DX*TAN(A)
450 XA=10:YA=Y+DY
460 IF YA>190 THEN DY=190-Y:DX=DY/TAN(A):YA=190:XA=X-DX:GOTO 480
470 IF YA<5 THEN DY=5-Y:DX=DY/TAN(A):YA=5:XA=X-DX
480 LINE XA-3,YA,XA+3,YA,1
490 LINE XA,YA+3,XA,YA-3,1
500 X=XA:Y=YA
510 CX=C*COS(A):CY=C*SIN(A)
520 PLOT X,Y,1
530 X=X+CX*DT:Y=Y-CY*DT
540 IF X>XX THEN 600
550 GOTO 520
595 :
596 REM ***           * * *
597 REM *** LICHTSTRAHL IM PRISMA ***
598 REM ***           * * *
599 :
600 FOR I=1 TO 4
610 B=SIN(AL)/N(I):BB=ATN(B/SQR(1-B*B))
620 BE(I)=BB-π/6
630 X=XX:Y=YY
640 CX=C*COS(BE(I)):CY=C*SIN(BE(I))
650 X=X+CX*DT:Y=Y-CY*DT
660 IF Y<=1.7*X-226 THEN 800
670 PLOT X,Y,1
680 GOTO 650
797 REM ***           * * *
798 REM *** HINTER DEM PRISMA ***
799 REM ***           * * *
800 G=π/6-BE(I)
810 D=SIN(G)*N(I)
820 IF D>=1 THEN GOSUB 1200:GOTO 860
830 DD=ATN(D/SQR(1-D*D))
840 DE(I)=DD-π/6
850 CX=C*COS(DE(I)):CY=C*SIN(DE(I))
860 X=X+CX*DT:Y=Y+CY*DT
870 IF X>=312 OR Y>=192 THEN 910
880 IF T$="T" THEN IF Y>=170 THEN 910
890 PLOT X,Y,1
900 GOTO 860
910 NEXT I
935 :
936 REM ***     * * *
937 REM ***   E N D E   ***
938 REM ***     * * *
939 :
940 PAUSE 1000
950 END
```

```
995 :
996 REM ***        * * *
997 REM *** GRAFIK - PRISMA ***
998 REM ***        * * *
999 :
1000 HIRES 1,14
1010 POKE 53280,6:POKE 53281,14
1020 REC 4,4,312,192,1
1040 LINE 80,170,230,170,1
1050 LINE 80,170,155,40,1
1060 LINE 155,40,230,170,1
1070 RETURN
1195 :
1196 REM ***        * * *
1197 REM *** TOTALREFLEXION ***
1198 REM ***        * * *
1199 :
1200 DE(I)=-G-π/6
1210 CX=-C*COS(DE(I))
1220 CY=-C*SIN(DE(I))
1230 T$="T"
1240 TEXT 72,180,"TOTALREFLEXION",1,1,12
1250 RETURN
1995 :
1996 REM ***        * * *
1997 REM *** MEDIUM/BRECHUNGSINDEX ***
1998 REM ***        * * *
1999 :
2001 N$="KRONGLAS":N(1)=1.5049:N(2)=1.5100:N(3)=1.5130:N(4)=1.5246:RETURN
2002 N$="FLINTGLAS":N(1)=1.7392:N(2)=1.7550:N(3)=1.7652:N(4)=1.8104:RETURN
2003 N$="WASSER":N(1)=1.3289:N(2)=1.3330:N(3)=1.3352:N(4)=1.3435:RETURN
2004 N$="SCHWEFELK.STOFF":N(1)=1.6088:N(2)=1.6277:N(3)=1.6405:N(4)=1.6994
2005 RETURN
2995 :
2996 REM **        * * *
2997 REM *** AUFTREFFPUNKT ***
2998 REM **        * * *
2999 :
3000 P=JOY
3010 IF P=1 THEN Y=Y-1:GOTO 3050
3020 IF P=3 THEN X=X+1:GOTO 3050
3030 IF P=5 THEN Y=Y+1:GOTO 3050
3040 IF P=7 THEN X=X-1:GOTO 3050
3050 IF P=128 THEN 3120
3060 LINE XX-3,YY,XX+3,YY,2
3070 LINE XX,YY-3,XX,YY+3,2
3080 LINE X-3,Y,X+3,Y,2
3090 LINE X,Y-3,X,Y+3,2
3100 XX=X:YY=Y
3110 GOTO 3000
3120 RETURN
```

18. SPEKTRUM

PROBLEMSTELLUNG

Beim Durchgang des Lichtes durch ein optisches Prisma erfolgt eine Ablenkung des Lichtstrahls, die von der Wellenlänge, Material des Prismas und vom Einfallswinkel abhängt. Das kurzwellige Licht (violett) wird stärker abgelenkt als das langwellige (rot). Beim Durchgang des Lichtes durch ein optisches Gitter jedoch ist die Ablenkung auf Grund der Beugung außer von der Wellenlänge noch von der Gitterkonstante des Gitters abhängig. Langwelliges Licht wird stärker gebeugt als kurzwelliges.

PHYSIKALISCHE GRUNDLAGEN - PROGRAMMAUFBAU

Das unterschiedliche Verhalten des Lichtes beim Durchgang durch ein optisches Prisma bzw. durch ein optisches Gitter soll mit diesem Programm gezeigt werden. Normalerweise werden drei Spektrallinien Rot (800 nm), Gelb (600 nm) und Violett (400 nm) mit gerundten Werten für die Wellenlänge verwendet. Man kann aber auch mit genaueren Werten arbeiten (Unterprogramm 3000). Für die Dispersion durch ein Prisma kann sowohl das Medium (Kronglas, Flintglas, Schwefelkohlenstoff) als auch der Einfallswinkel gewählt werden. Für die Dispersion durch das optische Gitter kann die Gitterkonstante beliebig gewählt werden. Das unterschiedliche Dispersionsverhalten von Prisma und Gitter wird anschaulich gegenübergestellt. Für die drei Wellenlängen wird die spektrale Verteilung dargestellt. Die Abstände der roten bzw. der violetten Linie von der mittleren gelben Linie werden für beide Spektren angegeben. Selbstverständlich wurde die Entfernung Prisma - Schirm bzw. Gitter - Schirm gleich gewählt. Entsprechend der Formel für das Beugungsbild erster Ordnung:

$$\sin \alpha = \frac{\lambda}{d} \qquad \begin{array}{l} \alpha \ldots \text{Einfallswinkel} \\ \lambda \ldots \text{Wellenlänge} \\ d \ldots \text{Gitterkonstante} \end{array}$$

erfolgt beim Gitter mit kleiner Gitterkonstante (großer Strichabstand) die Ablenkung proportional zur Wellenlänge.
Diese regelmäßige Ablenkung ist beim Prisma nicht zu beobachten, außerdem ist die Farbenfolge umgekehrt.

HINWEISE ZUR PROGRAMMGESTALTUNG

Zu Beginn werden das Medium für das Prisma, die Gitterkonstante des Gitters und der Einfallswinkel (in Grad) am Prisma ausgewählt (110-130). In den Unterprogrammen 2001, 2002 und 2003 werden die Brechungsquotienten bestimmt. Die Wellenlängen des verwendeten Lichtes und die zugehörigen Brechungsquotienten werden auf der 2. Bildschirmseite (160-280) angegeben, wobei die Möglichkeit besteht, mit genaueren Wellenlängen zu arbeiten.
Die Berechnung der Aufspaltung durch das Prisma beginnt in 300. Zunächst wird der Winkel ins Bogenmaß umgerechnet. Für die drei verwendeten Wellenlängen wird mit Hilfe des Brechungsquotienten der Brechungswinkel BE (I) ermittelt. Da die Funktion arcsin nicht zur Verfügung steht wird die Umrechnungsformel ATN(B/SQR(1-B*B)) verwendet. D ist der Einfallswinkel an der zweiten Prismenfläche, DE(I) der Austrittswinkel. Falls der Lichtstrahl im Prisma totalreflektiert wird, wird dies angegeben (Unterprogramm 1400). Die Koordinaten für die Darstellung der Spektrallinien werden in 600-680 berechnet, die Spektrallinien im Unterprogramm 1200 gezeichnet.
Die Berechnung der Ablenkung durch das Gitter erfolgt in 700-750, die Berechnung der Koordinaten in 800-860 und die Zeichnung der Spektrallinien wieder im Unterprogramm 1200.

LISTE DER VERWENDETEN VARIABLEN

M, N$	Medium
DD, D$	Gitterkonstante
DA	Kehrwert der Gitterkonstante in m
A, AL, G$	Einfallswinkel
A$	Abfrage, welche Wellenlängen
I	Schleifenvariable
BE, DE	Brechungswinkel
GA	Einfallswinkel im Prisma
B, D	Größen zur Berechnung der Brechungswinkel
E	Ablenkwinkel
T$	Kennzeichnung der Totalreflexion
A1, A2	Abstand zwischen den Spektrallinien
XR, XV	X-Koordinaten der roten und violetten Spektrallinie
Y1, Y2	Y-Koordinaten der roten und violetten Spektrallinie
R$, V$	Abstände der Spektrallinien
X3, X4	Position für den Textstring (Abstand der Spektrallinie)
N	Brechungsindizes
L	Wellenlängen

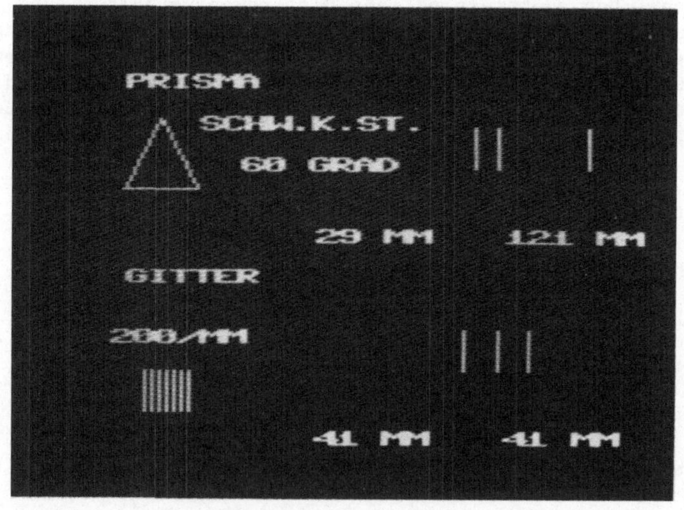

```
SEARCHING FOR SPEKTRUMSPEKTRUM


READY.


5 REM     **********************
6 REM     *  S P E K T R U M  *
7 REM     **********************
8 :
9 :
10 PRINT"⌂"
20 PRINT AT(9,3)"┌─────────────────┐"
30 PRINT AT(9,4)"I GITTER UND PRISMA I"
40 PRINT AT(9,5)"└─────────────────┘"
50 PRINT AT(3,8)"VERGLEICH DER SPEKTREN"
60 PRINT AT(13,10)"AN GITTER UND PRISMA":PRINT:PRINT
70 PRINT"   MEDIEN FUER DAS PRISMA :":PRINT
80 PRINT" KRONGLAS ............. 1"
90 PRINT" FLINTGLAS ............ 2"
100 PRINT" SCHWEFELKOHLENSTOFF .. 3":PRINT
110 INPUT" MEDIUM     1    ";M:PRINT
120 INPUT" GITTERKONSTANTE    100     ";DD:PRINT
130 INPUT" EINFALLSWINKEL    60    ";A:PRINT:PRINT
140 G$=STR$(A)+" GRAD"
150 ON M GOSUB 2001,2002,2003
155 :
156 REM ***   * * *
157 REM *** 2. SEITE ***
158 REM ***   * * *
159 :
160 PRINT"⌂":POKE 53280,11:POKE 53281,11:PRINT CHR$(5):PRINT
170 PRINT"   MEDIUM : ";N$:PRINT:PRINT
180 PRINT:PRINT"   WELLENLAENGE DES LICHTES":PRINT
190 PRINT"    UND BRECHUNGSQUOTIENT :":PRINT:PRINT
200 L(1)=800:L(2)=600:L(3)=400
210 PRINT"ROT :       ";L(1);"NM";".....";N(1):PRINT
220 PRINT"GELB :      ";L(2);"NM";".....";N(2):PRINT
230 PRINT"VIOLETT : ";L(3);"NM";".....";N(4):PRINT
240 PRINT:PRINT:INPUT"  GENAUERE WELLENLAENGEN (J/N)    N   ";A$
250 IF A$="J" THEN GOSUB 3000:GOTO 270
260 N(3)=N(4)
270 PRINT AT(13,23)"WEITER MIT 'RETURN'"
280 PAUSE 20
295 :
296 REM ***        * * *
297 REM *** BERECHNUNG / PRISMA ***
298 REM ***        * * *
299 :
300 AL=A*π/180
310 FOR I=1 TO 3
320 B=SIN(AL)/N(I)
330 BE(I)=ATN(B/SQR(1-B*B))
340 GA(I)=π/3-BE(I)
350 D=SIN(GA(I))*N(I)
360 IF D>=1 THEN T$="T":GOTO 390
370 DE(I)=ATN(D/SQR(1-D*D))
380 E(I)=AL+DE(I)-π/3
390 NEXT I
400 GOSUB 1000
410 IF T$="T" THEN GOSUB 1400:GOTO 700


READY.
```

```
595 :
596 REM ***      * * *
597 REM *** KOORDINATEN ***
598 REM ***      * * *
599 :
600 A1=E(2)-E(1)
610 A2=E(3)-E(2)
620 A1=TAN(A1):A2=TAN(A2)
630 A1=.001*INT(1000*A1+.5)
640 A2=.001*INT(1000*A2+.5)
650 XR=200*A1:XV=200*A2
660 Y1=40:Y2=60:X3=65:X4=115
670 R$=STR$(A1*1000)+" MM"
680 V$=STR$(A2*1000)+" MM"
690 GOSUB 1200
695 :
696 REM ***         * * *
697 REM *** BERECHNUNG / GITTER ***
698 REM ***         * * *
699 :
700 DA=1/(1000*DD)
710 FOR I=1 TO 3
720 A=L(I)*1E-9/DA
730 AL=ATN(A/SQR(1-A*A))
740 A(I)=TAN(AL)
750 NEXT I
795 :
796 REM ***      * * *
797 REM *** KOORDINATEN ***
798 REM ***      * * *
799 :
800 D1=A(2)-A(1):D2=A(3)-A(2)
810 D1=.001*INT(1000*D1+.5)
820 D2=.001*INT(1000*D2+.5)
830 XR=200*D1:XV=200*D2
840 Y1=140:Y2=160:X3=115:X4=65
850 R$=STR$(ABS(D1*1000))+" MM"
860 V$=STR$(ABS(D2*1000))+" MM"
870 GOSUB 1200
895 :
896 REM ***     * * *
897 REM ***  E N D E  ***
898 REM ***     * * *
899 :
900 PAUSE 1000
910 END
995 :
996 REM ***     * * *
997 REM ***  GRAFIK  ***
998 REM ***     * * *
999 :
1000 HIRES 1,11:MULTI 2,7,4
1010 TEXT 20,15,"PRISMA",3,1,6
1020 LINE 20,70,40,70,1
1030 LINE 20,70,30,36,1
1040 LINE 30,36,40,70,1
1050 TEXT 40,35,N$,3,1,6
1060 TEXT 45,55,G$,3,1,6
1070 TEXT 20,110,"GITTER",2,1,6
1080 D$=STR$(DD)+"/MM"
1090 TEXT 10,140,D$,2,1,6

READY.
```

```
1100 FOR I=26 TO 38 STEP 2
1110 LINE I,160,I,180,2
1120 NEXT I
1130 RETURN
1195 :
1196 REM ***      * * *
1197 REM *** SPEKTRALLINIEN ***
1198 REM ***      * * *
1199 :
1200 LINE 120,Y1,120,Y2,2
1210 LINE 120-XR,Y1,120-XR,Y2,1
1220 LINE 120+XV,Y1,120+XV,Y2,3
1230 TEXT X3,Y2+30,R$,1,1,6
1240 TEXT X4,Y2+30,V$,3,1,6
1250 RETURN
1395 :
1396 REM ***      * * *
1397 REM *** TOTALREFLEXION ***
1398 REM ***      * * *
1399 :
1400 T$="TOTALREFLEXION"
1410 TEXT 125,35,"IM",1,1,6
1420 TEXT 110,55,"PRISMA",1,1,6
1430 TEXT 70,85,T$,1,1,6
1440 RETURN
1995 :
1996 REM ***          * * *
1997 REM *** MEDIEN/BRECHUNGSQUOT. ***
1998 REM ***          * * *
1999 :
2001 N$="KRONGLAS":N(1)=1.5049:N(2)=1.5100:N(3)=1.5130:N(4)=1.5246:RETURN
2002 N$="FLINTGLAS":N(1)=1.7392:N(2)=1.7460:N(3)=1.7652:N(4)=1.8104:RETURN
2003 N$="SCHW.K.ST.":N(1)=1.6088:N(2)=1.6277:N(3)=1.6405:N(4)=1.6994:RETURN
2995 :
2996 REM ***          * * *
2997 REM *** GENAUE WELLENLAENGEN ***
2998 REM ***          * * *
2999 :
3000 PRINT"⊐":PRINT:PRINT
3010 PRINT"   MEDIUM : ";N$:PRINT:PRINT
3020 PRINT:PRINT"   WELLENLAENGE DES LICHTES":PRINT:PRINT
3030 PRINT"   UND BRECHUNGSQUOTIENT :":PRINT:PRINT:PRINT
3040 PRINT"A-LINIE (DUNKELROT) : 760.8 NM  ";N(1):PRINT
3050 PRINT"E-LINE (GRUEN)      : 527.0 NM  ";N(3):PRINT
3060 PRINT"H-LINE (VIOLETT)    : 396.8 NM  ";N(4)
3070 L(1)=760.8:L(2)=527.0:L(3)=396.8
3080 N(2)=N(3):N(3)=N(4)
3090 RETURN

READY.
```

19. SPANNUNGSTEILER

PROBLEMSTELLUNG

An einen Spannungsteiler aus kapazitivem und ohmschen Widerstand wird eine sinusförmige Wechselspannung gelegt. Das Verhältnis von kapazitivem bzw. induktivem Widerstand zur Eingangsimpedanz wird in Abhängigkeit von der Frequenz der Wechselspannung untersucht.

PHYSIKALISCHE GRUNDLAGEN - PROGRAMMAUFBAU

Wird an ein RC-Glied eine sinusförmige Wechselspannung gelegt, so sind auch die Teilspannungen am Widerstand R und an dem Kondensator C sinusförmig. Da der Kondensator ein frequenzabhängiger Widerstand ist, hängt das Verhältnis der beiden Teilspannungen vom Widerstandswert des ohmschen Widerstandes und vom kapazitiven Widerstand des Kondensators ab. Außerdem hat die Phasenverschiebung zwischen Spannung und Stromstärke maßgeblichen Einfluß auf das SpannungsverhäAtnis. So ist eben im Gegensatz zum Gleichspannungsteiler die Summe aus Spannung am Kondensator und Spannung am Widerstand nicht gleich der angelegten Spannung.
Die Frequenz, bei der Blindwiderstand und Wirkwiderstand gleich groß sind, nennt man Grenzfrequenz. Die Spannungen an den Schaltelementen sind bei der Grenzfrequenz jeweils um den Faktor $1/\sqrt{2}$ (70%) kleiner als die Eingangsspannung.
Da je nach Abgriff der Ausgangsspannung entweder die tiefen oder die hohen Frequenzen bevorzugt werden, spricht man vom "TIEFPASS" und "HOCHPASS".
Bei RC- oder RL-Siebschaltungen ist der Übergang vom Durchlaßbereich zum Sperrbereich sehr flach, da nur ein Widerstand frequenzabhängig ist. Durch Hintereinanderschaltung mehrerer RC-Glieder lassen sich steilere Übergänge erreichen.

HINWEISE ZUR PROGRAMMGESTALTUNG

Nach der Festlegung der Begleittöne (70, 80) und Dimensionierung des Feldes für die Bildschirmkoordinaten wird das Schaltbild gezeichnet (130-440). Im Eingabeblock (500-690) wird vorerst nach C und R gefragt und dann die Grenzfrequenz, das ist die Frequenz, bei der Wirkwiderstand R und Scheinwiderstand C gleichen Betrag haben, berechnet. Der für die Bildschirmdarstellung gewünschte Frequenzbereich kann daraufhin gewählt werden. In 700 -790 werden die Bildschirmfaktoren berechnet. Im Unterprogramm (1500-1730) wird das Koordinatensystem angelegt, wobei die Beschriftung der Grenzfrequenz (1700) und der Frequenzgrenzen (1690, 1710) entsprechend der Eingabe erfolgt. Das Hauptprogramm bilden die beiden Rechenschleifen 800-870 und 1220-1280. Die 1. Rechenschleife ist die Berechnung des Tiefpassfilters. Die entsprechende Schaltskizze wird durch Sprite 0 dargestellt. Mit Hilfe des Unterprogramms 2200-2280 wird das Blinken der Schaltskizze erreicht. Die in der 1. Rechenschleife enthaltenen Werte werden als eindimensionales Feld gespeichert (830) und im Diagramm aufgetragen. Nach einem akustischen Signal (Unterprogramm 1800) erfolgt durch Blinken (900-940) die Aufforderung, eine beliebige Taste zu drücken.
Nach dem Löschen der Kurve (1000-1020) wird Sprite 0 gelöscht und Sprite 1 (Hochpassfilter) geladen. Nach dem Aufblinken der Schaltskizze (Unterprogramm 3200-3280) bleibt sie am Bildschirm zur Veranschaulichung des 2. Hauptprogramms (1220-1280). Analog zum 1. Programmteil wird nach Drücken einer beliebigen Taste (1350) die Tiefpasskurve wieder gezeichnet, nun jedoch strichliert (1400-1420). Ebenso wird wieder die entsprechende Schaltskizze,

nun strichliert, gezeichnet (Sprite 2) . Im Unterprogramm 1900–1940 wird der Begleitton für den Tiefpassfilter und im Unterprogramm 1950–1990 für den Hochpassfilter (akustisch auch durch einen höheren Ton gekennzeichnet) festgelegt.

LISTE DER VERWENDETEN VARIABLEN

M$,MT$,MH$	Musikstrings
I	Zählvariable
A,B,C,D	Variable zum Zeichnen des Schaltbildes
C	Kondensator
R	Wirkwiderstand
FO	Grenzfrequenz
FU	Frequenzuntergrenze
FO	Frequenzobergrenze
FD	Frequenzintervall
SX	Skalenfaktor für x-Achse
FF	Hilfsgröße zur Berechnung des Skalenfaktors
UC	kapazitiver Widerstand
UK	Verhältnis von kapazitivem bzw. ohmschen Widerstand zur Eingangsimpedanz
SY	Skalenfaktor für y-Achse
K, K$	Zählvariable zur Beschriftung der Achsen
I, J	Zählvariable
FZ	Variable zum Zeichnen der Grenzfrequenz
F1,F2,F3	Frequenzgrenzen gerundet
F	Frequenz
X, Y	Bildschirmkoordinaten
Q	Zähler für Feldvariable
QQ	Höchstwert des Zählers Q
A$	Tastaturabfrage

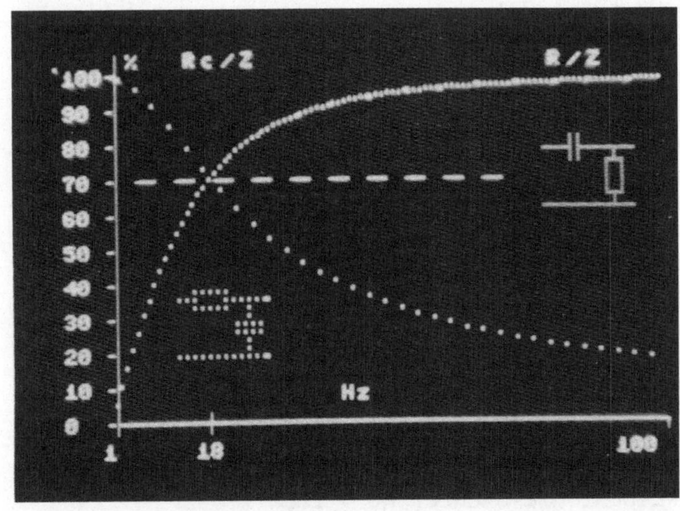

```
5 REM     ********************************************
6 REM     *   FREQUENZABHAENGIGER SPANNUNGSTEILER   *
7 REM     ********************************************
8 :
9 :
70 M$="⌂1C5◼E5◼G5◼G":VOL 15
80 MT$="⌂1A4◼G":MH$="⌂1A6◼G"
90 DIM X(300):DIM Y(300)
100 HIRES 0,1:POKE 53280,1
110 TEXT 20,0,"FREQUENZABHAENGIGER",1,2,15
120 TEXT 21,20,"SPANNUNGSTEILER",1,2,19
125 :
126 REM ***     * * *
127 REM *** SCHALTBILD ***
128 REM ***     * * *
129 :
130 FOR I=1 TO 25
140 READ A,B,C,D
150 LINE A,B,C,D,1
160 NEXT
300 DATA 30,65,20,70,20,70,30,75,20,70,130,70,190,70,300,70
302 DATA 290,65,300,70,300,70,290,75
304 DATA 200,100,280,100,280,100,280,130,280,130,200,130,200,130,200,100
306 DATA 94,115,200,115,20,70,20,160,20,115,66,115,280,115,300,115
308 DATA 160,115,160,160,300,70,300,160,30,155,20,160,20,160,30,165
310 DATA 20,160,60,160,120,160,200,160,260,160,300,160,290,155,300,160
312 DATA 300,160,290,165,150,155,170,165,150,165,170,155
320 REC 66,90,4,50,1
330 REC 90,90,4,50,1
340 PAINT 68,100,1:PAINT 92,100,1
350 TEXT 17,112,"●",1,1,1
360 TEXT 157,112,"●",1,1,1
370 TEXT 297,112,"●",1,1,1
380 TEXT 147,67,"U ◼E",1,1,8
390 TEXT 77,157,"U ◼C",1,1,8
400 TEXT 217,157,"U ◼R",1,1,8
410 TEXT 105,80,"C",1,2,1
420 TEXT 235,80,"R",1,2,1
430 GOSUB 1800
440 TEXT 195,190," ---> RETURN",1,1,8
490 PAUSE 100:CSET 0:POKE 53280,2
495 :
496 REM ***  * * *
497 REM *** EINGABE ***
498 REM ***  * * *
499 :
500 PRINT"⌂":PRINT
510 INPUT" KONDENSATOR IN FARAD    4E-6◼◼◼◼◼◼◼";C:PRINT
520 INPUT" WIDERSTAND IN OHM    2200◼◼◼◼◼◼◼";R:PRINT:PRINT
600 F0=1/(2*π*R*C):REM * R UND C SIND GLEICH
610 F0=INT(F0+.5)
620 PRINT" GRENZFREQUENZ (WIRKWDST.= BLINDWDST.) :":PRINT
630 PRINT"        F0 = ";STR$(F0);" HERTZ":PRINT:PRINT
640 PRINT" FUER EINEN BELIEBIGEN FREQUENZBEREICH"
650 PRINT" WIRD DAS VERHAELTNIS VON RC ZU Z UND"
660 PRINT" R ZU Z GRAFISCH DARGESTELLT.":PRINT
670 PRINT"      Z .... EINGANGSIMPEDANZ":PRINT
675 PRINT:PRINT" GEWUENSCHTER FREQUENZBEREICH :":PRINT
680 INPUT" FREQUENZUNTERGRENZE   FU    1◼◼◼◼";FU
690 INPUT" FREQUENZOBERGRENZE    FO   100◼◼◼◼◼";FO
695 :
```

```
696 REM ***    * * *
697 REM *** FAKTOREN ***
698 REM ***    * * *
699 :
700 FD=FO-FU
710 FF=.001
720 SX=285/FD
730 UC=1/(2*π*FF*C)
740 UK=UC/SQR(R*R+UC*UC)
750 SY=170/UK
780 GOSUB 1500:GOSUB 1800
790 GOSUB 2000:GOSUB 2200
795 :
796 REM ***         * * *
797 REM *** RECHENSCHLEIFE / TIEFPASS ***
798 REM ***         * * *
799 :
800 FOR F=FU TO FO STEP FD/100
810 UC=1/(2*π*F*C)
820 UK=UC/SQR(R*R+UC*UC)
830 X(Q)=F*SX+31-(FU*SX):Y(Q)=175-SY*UK
840 GOSUB 1900
850 TEXT X(Q),Y(Q),".",1,1,1
860 Q=Q+1
870 NEXT
880 QE=Q
890 PAUSE 2:GOSUB 1800
900 FOR I=1 TO 5
910 TEXT 130,0,"'TASTE'",0,1,14
920 FOR J= 1 TO 80:NEXT
930 TEXT 130,0,"'TASTE'",1,1,14
940 NEXT
950 A$=""
960 GET A$:IF A$ = "" THEN 960
970 TEXT 130,0,"'TASTE'",0,1,14
995 :
996 REM ***       * * *
997 REM *** LOESCHEN / TIEFPASS ***
998 REM ***       * * *
999 :
1000 FOR Q=QE TO 1 STEP -1
1010 TEXT X(Q),Y(Q),".",0,1,1
1020 NEXT
1030 MOB OFF 0
1040 TEXT 40,0,"    R瓜C瓜/Z",0,1,10
1195 :
1196 REM ***            * * *
1197 REM *** RECHENSCHLEIFE / HOCHPASS ***
1198 REM ***            * * *
1199 :
1200 GOSUB 3000:GOSUB 3200
1210 TEXT 260,0,"R/Z",1,1,10
1220 FOR F=FU TO FO STEP FD/100
1230 UC=1/(2*π*F*C)
1240 UK=R/SQR(R*R+UC*UC)
1250 X=F*SX+31-(FU*SX):Y=175-SY*UK
1260 GOSUB 1950
1270 TEXT X,Y,".",1,1,1
1280 NEXT
1290 PAUSE 2:GOSUB 1800
1300 FOR I=1 TO 5
1310 TEXT 130,0,"'TASTE'",0,1,14
```

```
1320 FOR J= 1 TO 80:NEXT
1330 TEXT 130,0,"'TASTE'",1,1,14
1340 NEXT:A$=""
1350 GET A$:IF A$ = "" THEN 1350
1360 TEXT 130,0,"'TASTE'",0,1,14
1370 GOSUB 4000:MOB SET 2,34,7,1,0
1380 MMOB 2,90,165,90,165,3,1
1390 TEXT 40,0,"   R血C血VZ",1,1,10
1395 :
1396 REM ***    * * *
1397 REM *** TIEFPASS ***
1398 REM ***    * * *
1399 :
1400 FOR Q=1 TO QE STEP 3
1410 TEXT X(Q),Y(Q),".",1,1,1
1420 NEXT
1430 PAUSE 1000:RUN
1495 :
1496 REM ***    * * *
1497 REM *** KOORDINATENSYSTEM ***
1498 REM ***    * * *
1499 :
1500 HIRES 1,0:POKE 53280,0
1510 LINE 35,180,320,180,1
1520 LINE 35,0,35,185,1
1530 K=100
1540 FOR I=10 TO 180 STEP 17
1550 LINE 30,I,33,I,1
1560 K$=STR$(K)
1570 TEXT 0,I-3,K$,1,1,7
1580 K=K-10
1590 NEXT
1600 FOR I=45 TO 230 STEP 20
1610 LINE I,61,I+10,61,1:NEXT
1620 FZ=F0*SX+35-(FU*SX)
1630 LINE FZ,175,FZ,185,1
1640 LINE 320,180,320,185,1
1650 F1=FU:F2=F0:F3=FO
1660 IF F0>=1000 THEN F1=INT(F1/1000):F2=INT(F2/1000):F3=INT(F3/1000)
1670 IF F0<1000 THEN TEXT 150,163,"HI血Z",1,1,8
1680 IF F0>=1000 THEN TEXT 140,163,"* 1000 HI血Z",1,1,8
1690 TEXT 20,190,STR$(F1),1,1,7
1700 TEXT FZ-15,190,STR$(F2),1,1,7
1710 TEXT 285,190,STR$(F3),1,1,7
1720 TEXT 40,0,"%   R血C血VZ",1,1,10
1730 RETURN
1795 :
1796 REM ***         * * *
1797 REM *** UNTERPROGRAMME / TON ***
1798 REM ***         * * *
1799 :
1800 WAVE 1,00010000
1810 ENVELOPE 1,4,2,12,4
1820 MUSIC 5,M$
1830 PLAY 1
1840 RETURN
1900 WAVE 1,00010000
1910 ENVELOPE 1,4,2,12,4
1920 MUSIC 2,MT$
1930 PLAY 2
1940 RETURN
```

```
1950 WAVE 1,00010000              3000 DESIGN 0,33*64+49152
1960 ENVELOPE 1,4,2,12,4          3001 @.......B.B............
1970 MUSIC 2,MH$                  3002 @.......B.B............
1980 PLAY 2                       3003 @.......B.B............
1990 RETURN                       3004 @BBBBBBBB.BBBBBBBBBBBBBBBB
1995 :                            3005 @.......B.B.......B.....
1996 REM ***        * * *         3006 @.......B.B.......B.....
1997 REM *** SCHALTZEICHEN ***    3007 @.......B.B.....BBBBB...
1998 REM ***        * * *         3008 @...............B...B...
1999 :                            3009 @...............B...B...
2000 DESIGN 0,32*64+49152         3010 @...............B...B...
2001 @....BBBBBBBBB...........    3011 @...............B...B...
2002 @....B.......B...........    3012 @...............B...B...
2003 @BBBBB.......BBBBBBBBBBBB    3013 @...............B...B...
2004 @....B.......B.....B.....    3014 @...............B...B...
2005 @...BBBBBBBBB.....B.....     3015 @...............BBBBB...
2006 @.................B.....     3016 @.................B.....
2007 @.................B.....     3017 @.................B.....
2008 @.................B.....     3018 @BBBBBBBBBBBBBBBBBBBBBBBBB
2009 @..............BBBBBBB..     3019 @.......................
2010 @..............BBBBBBB..     3020 @.......................
2011 @..............BBBBBBB..     3021 @.......................
2012 @.................B.....     3022 RETURN
2013 @.................B.....     3200 FOR I= 1 TO 5
2014 @.................B.....     3210 MOB SET 1,33,4,0,0
2015 @.................B.....     3220 MMOB 1,280,90,280,90,3,100
2016 @.................B.....     3230 MOB OFF 1
2017 @BBBBBBBBBBBBBBBBBBBBBBBBB   3240 FOR J= 1 TO 100:NEXT
2018 @.......................     3250 MOB SET 1,33,4,1,0
2019 @.......................     3260 MMOB 1,280,90,280,90,3,100
2020 @.......................     3270 NEXT
2021 @.......................     3280 RETURN
2200 FOR I= 1 TO 5               4000 DESIGN 0,34*64+49152
2210 MOB SET 0,32,7,1,0          4001 @....B.B.B.B.B..........
2220 MMOB 0,90,165,90,165,3,1    4002 @......................
2230 MOB OFF 0                    4003 @B.B.B.......B.B.B.B.B.BB
2240 FOR J= 1 TO 100:NEXT        4004 @......................
2250 MOB SET 0,32,7,1,0          4005 @....B.B.B.B.B.....B.....
2260 MMOB 0,90,165,90,165,3,1    4006 @......................
2270 NEXT                         4007 @.................B.....
2280 RETURN                       4008 @......................
                                  4009 @...............B.B.B.B..
                                  4010 @......................
                                  4011 @...............B.B.B.B..
                                  4012 @......................
                                  4013 @.................B.....
                                  4014 @......................
                                  4015 @.................B.....
                                  4016 @......................
                                  4017 @B.B.B.B.B.B.B.B.B.B.B.BB
                                  4018 @......................
                                  4019 @......................
                                  4020 @......................
                                  4021 @......................
                                  4022 RETURN
```

20. RC - GLIED

PROBLEMSTELLUNG

Legt man an eine Serienschaltung aus einem ohmschen Widerstand R und einem Kondensator C eine Wechselspannung, so ist das Verhalten der Spannung am Kondensator einerseits von der Art der Spannung und der Frequenz abhängig, andererseits auch davon, ob ein Lastwiderstand parallel zum Kondensator liegt und welche Größe dieser Widerstand besitzt.

PHYSIKALISCHE GRUNDLAGEN - PROGRAMMAUFBAU

Wird an ein RC-Glied eine Wechselspannung gelegt, so tritt auch am Kondensator eine Wechselspannung auf. Die Höhe der Spannung am Kondensator ist nicht nur von der angelegten Spannung abhängig, sondern wird auch wesentlich von der Frequenz beeinflußt. Für sinusförmige Wechselspannungen kann dieses Verhalten im vorigen Programm (SPANNUNGSTEILER) gezeigt werden. In diesem Programm stehen drei Spannungsarten (zweiweg-gleichgerichtete sinusförmige Wechselspannung, Sägezahnspannung und Rechteckspannung) zur Verfügung.
Das Spannungsbild am Kondensator ist natürlich von der Frequenz abhängig. Bei niedrigen Frequenzen sind Lade- und Entladevorgang bereits beendet, wenn sich die Spannungsrichtung wieder ändert. Bei höheren Frequenzen sind Lade- und Entladevorgänge während einer Periode noch nicht abgeschlossen. Das Bild der Kondensatorspannung zeigt daher Abschnitte der Lade- oder Entladekurven. Deutlich macht sich der Einfluß eines Lastwiderstandes parallel zum Kondensator bemerkbar.
Liegt z.B. an einem RC-Glied eine zweiweg-gleichgerichtete Wechselspannung, so steigt die Spannung am Kondensator - ohne Lastwiderstand - entsprechend dem Ladeverhalten an. Ein deutliches Ansteigen und Absinken der Spannung entsprechend der angelegten Frequenz ist zu erkennen, ebenso die Phasenverschiebung. Bei parallel geschaltetem Lastwiderstand kommt es nach jeder Periode zu einer deutlichen Entladung, sodaß die Spannung am Widerstand pulsierenden Verlauf zeigt.
Analog kann das Verhalten für Sägezahn- und Rechteckspannung simuliert werden.
RC-Glieder werden z.B. als Integrier- und Differenzierglieder verwendet. Nimmt man die Ausgangsspannung am Kondensator ab, so arbeitet das RC-Glied als Integrierglied. Beim Integrierglied entspricht die Ausgangsspannung dem Inhalt der Fläche zwischen der Kennlinie der Eingangsspannung und der Zeitachse.
Nimmt man die Ausgangsspannung am Widerstand ab, so arbeitet das RC-Glied als Differenzierglied. Bei Differenziergliedern entspricht die Ausgangsspannung etwa der Änderung der Eingangsspannung in Abhängigkeit von der Zeit.
RC-Glieder werden ebenso als Siebglieder verwendet, wobei meistens mehrere zu sogenannten Siebketten geschaltet werden. Von Interesse ist dabei die Verformung des Eingangssignals durch die RC-Glieder.

HINWEISE ZUR PROGRAMMGESTALTUNG

Im Block 20-150 wird die Schaltskizze gezeichnet. Im Eingabeblock 200-330 kann vorerst die Spannungsart festgelegt werden und dann die Größe von Widerstand R und Kondensator C. Wird die Frage nach dem Lastwiderstand mit "J" beantwortet, so wird nach seiner Größe gefragt.

Um den Bildschirm für die grafische Gestaltung voll zu nützen, wird vorerst der maximale Spannungswert berechnet. Für Sinus- und Sägezahnspannung erfolgt dies im Programmteil 900-1030, für Rechteckspannung im Programmteil 1600-1740. Der erste Spitzenwert wird in 980 bzw. 1700 als MO festgehalten. Falls der nächste Spitzenwert größer als dieser ist, wird er als MO in 990 bzw. 1710 gespeichert. MA ist der alte Wert von M.
Auf die etwas längere Rechendauer wird in 350-370 hingewiesen. Im Unterprogramm 2000-2180 wird das Koordinatensystem angelegt und die Beschriftung entsprechend der Eingabe vorgenommen. Das eigentliche Rechenprogramm bilden die Blöcke 500-610 für Sinus- und Sägezahnspannung und 1800-1920 für Rechteckspannung. Im Hauptprogramm für Sinus und Sägezahn wird jeweils für drei Perioden die angelegte Spannung (590) gezeichnet sowie die Spannung am Kondensator. Dazu wird die Änderung der Ladung im Kondensator betrachtet (550).Bei Belastung beträgt die Ladungsänderung DQ - Q/(C*RV) (Zeile 560). Zur Betrachtung der Phasenverschiebung wird im Unterprogramm 1200 bzw. 1300 ein
Raster angelegt.
Analog wird für die Rechteckspannung verfahren. Die drei Perioden der Rechteckspannung werden in 1800-1840 bzw. 1920 fixiert. Das übrige Verfahren ist analog zu vorhin. Der entsprechende Raster wird hier im Unterprogramm 1400-1440 angelegt.

LISTE DER VERWENDETEN VARIABLEN

A,B,C,D	Variable zum Zeichnen der Schaltskizze
B$	Tastaturabfrage
S	Spannungsart
R, R$	ohmscher Widerstand
C, C$	Kondensator
RV, V$	Lastwiderstand
Q	augenblickliche Ladung
DQ	Ladungsänderung
Q2	augenblickliche Ladung bei Lastwiderstand
M	Spannung
MA	alter Wert für Spannung
MO	Maximalwert für Spannung
U	angelegte Spannung
T	Zeit
I, J, N	Zählvariable
L$	Tastaturabfrage

```
5 REM    ******************
6 REM    *  R-C - GLIED  *
7 REM    ******************
8 :
9 :
10 HIRES 1,0:POKE 53280,0
16 REM ***    * * *
17 REM *** SCHALTPLAN ***
18 REM ***    * * *
19 :
20 FOR I=1 TO 17
30 READ A,B,C,D
40 LINE A,B,C,D,1
50 NEXT
60 DATA 50,50,70,50,70,60,70,40,70,40,130,40,130,40,130,60,130,60,70,60
62 DATA 130,50,280,50,180,50,180,92,160,92,200,92,160,108,200,108
64 DATA 180,108,180,150,50,150,280,150,240,50,240,70,230,70,250,70
66 DATA 250,70,250,130,250,130,230,130,230,130,230,70,240,130,240,150
70 LINE A,B,C,D,1
75 TEXT 43,47,"o",1,1,1:TEXT 43,147,"o",1,1,1
80 TEXT 280,47,"o",1,1,1:TEXT 280,147,"o",1,1,1
85 TEXT 177,47,"●",1,1,1:TEXT 177,147,"●",1,1,1
90 TEXT 237,47,"●",1,1,1:TEXT 237,147,"●",1,1,1
100 TEXT 65,0,"R-C  -  G L I E D",1,2,12
110 TEXT 95,65,"R",1,2,7
120 TEXT 145,93,"C",1,2,7
130 TEXT 260,93,"RV",1,2,10
140 TEXT 40,95,"U",1,2,7
150 TEXT 50,102,"E",1,1,7
160 TEXT 50,180,"WEITER  MIT  ´ TASTE´",1,1,11
170 B$=""
180 GET B$:IF B$="" THEN 180
190 CSET 0:PRINT"⌂":POKE 53280,6
195 :
196 REM ***    * * *
197 REM ***  EINGABE  ***
198 REM ***    * * *
199 :
200 PRINT:PRINT" AN SPANNUNGSARTEN STEHEN ZUR AUSWAHL:":PRINT:PRINT
210 PRINT" 2-WEG-GLEICHGERICHTETE SINUS-"
220 PRINT" FOERMIGE WECHSELSPANNUNG ...........1":PRINT
230 PRINT" SAEGEZAHNSPANNUNG ..................2":PRINT
240 PRINT" RECHTECKSPANNUNG ...................3":PRINT:PRINT
250 INPUT" WELCHE SPANNUNG (1,2,3)   1■■■I";S
260 PRINT
270 INPUT" WIDERSTAND  R    1000■■■■■■I";R:PRINT
280 R$=STR$(R)
290 INPUT" KONDENSATOR C    0.05■■■■■■I";C:PRINT
300 C$=STR$(C)
310 INPUT" LASTWIDERSTAND ?  (JA/NEIN)   J■■■I";L$:PRINT
320 IF L$="J" THEN INPUT" LASTWIDERSTAND RV    100■■■■■I";RV
330 V$=STR$(RV)
340 HIRES 1,6:POKE 53280,6
350 TEXT 5,50," B I T T E   U M   G E D U L D",1,2,10
360 TEXT 5,100," DAFUER WIRD DIE GRAFIK SCHOEN",1,2,10
370 TEXT 5,150,"          * * *",1,2,10
380 IF S=3 THEN 1600
390 GOSUB 900
400 GOSUB 2000
494 :
```

```
495 REM ***          * * *
496 REM *** RECHENPROGRAMM FUER ***
497 REM *** SINUS UND SAEGEZAHN ***
498 REM ***          * * *
499 :
500 Q=0
510 IF S=3 THEN 1800
520 FOR T=0 TO 1080 STEP 4
530 IF S=1 THEN U=100*ABS(SIN(.0175*T))
540 IF S=2 THEN U=100*(.005*T-INT(.005*T))
550 DQ=(U-Q/C)/R
560 IF L$="J" THEN Q2=DQ-Q/(C*RV)
570 IF L$<>"J" THEN Q=Q+DQ
580 IF L$="J"THEN Q=Q+Q2
590 PLOT 45+T/4,60-U/5,1
600 PLOT 45+T/4,185-F*Q/C,1
610 NEXT T
700 IF S=1 THEN GOSUB 1200
710 IF S=2 THEN GOSUB 1300
800 PAUSE 1000
810 END
895 :
896 REM ***          * * *
897 REM *** BERECHNUNG MAXIMALWERT ***
898 REM ***          * * *
899 :
900 FOR T=0 TO 720 STEP 3
910 IF S=1 THEN U=100*ABS(SIN(.0175*T))
920 IF S=2 THEN U=100*(.005*T-INT(.005*T))
930 DQ=(U-Q/C)/R
940 IF L$="J" THEN Q2=DQ-Q/(C*RV)
950 IF L$<>"J" THEN Q=Q+DQ
960 IF L$="J"THEN Q=Q+Q2
970 M=Q/C
980 IF M0=0 THEN IF MA>=M THEN M0=MA
990 IF M>=M0 THEN IF MA>=M THEN M0=MA
1000 MA=M
1010 NEXT
1020 F=90/M0
1030 RETURN
1195 :
1196 REM ***     * * *
1197 REM *** RASTER SINUS ***
1198 REM ***     * * *
1199 :
1200 FOR I=90 TO 315 STEP 45
1220 FOR J=60 TO 185 STEP 5
1230 PLOT I,J,1
1240 NEXT:NEXT
1250 RETURN
1295 :
1296 REM ***        * * *
1297 REM *** RASTER SAEGEZAHN ***
1298 REM ***        * * *
1299 :
1300 FOR I=95 TO 345 STEP 50
1320 FOR J=60 TO 185 STEP 5
1330 PLOT I,J,1
1340 NEXT:NEXT
1350 RETURN
1395 :
```

```
1396 REM ***       * * *
1397 REM *** RASTER RECHTECK ***
1398 REM ***       * * *
1399 :
1400 FOR I=90 TO 360 STEP 45
1420 FOR J=60 TO 115 STEP 5
1430 PLOT I,J,1
1440 NEXT:NEXT
1450 GOTO 800
1595 :
1596 REM ***          * * *
1597 REM *** MAX.WERT RECHTECK ***
1598 REM ***       * * *
1599 :
1600 FOR N= 1 TO 4
1610 IF N/2=INT(N/2) THEN U=100:GOTO 1630
1620 U=0
1630 FOR T= 0 TO 180 STEP 3
1640 A=T+N*40
1650 DQ=(U-Q/C)/R
1660 IF L$="J" THEN Q2=DQ-Q/(C*RV)
1670 IF L$<>"J" THEN Q=Q+DQ
1680 IF L$="J" THEN Q=Q+Q2
1690 M=Q/C
1700 IF M=0 THEN IF MA>=M THEN M0=MA
1710 IF M>=M0 THEN IF MA>=M THEN M0=MA
1720 MA=M
1730 NEXT:NEXT
1740 F=90/M0
1750 GOTO 400
1795 :
1796 REM ***             * * *
1797 REM *** RECHENPROGRAMM RECHTECK ***
1798 REM ***          * * *
1799 :
1800 FOR N= 1 TO 6
1810 IF N/2=INT(N/2) THEN U=100:GOTO 1830
1820 U=0
1830 FOR T= 0 TO 45
1840 A=T+(N-1)*45
1850 DQ=(U-Q/C)/R
1860 IF L$="J" THEN Q2=DQ-Q/(C*RV)
1870 IF L$<>"J" THEN Q=Q+DQ
1880 IF L$="J" THEN Q=Q+Q2
1890 PLOT 45+A,50-U/5,1
1900 PLOT 45+A,185-F*Q/C,1
1910 NEXT T
1920 NEXT N
1940 GOTO 1400
1950 END
1995 :
1996 REM ***          * * *
1997 REM *** KOORDINATENSYSTEM ***
1998 REM ***       * * *
1999 :
2000 HIRES 1,6:POKE 53280,6
2010 LINE 45,60,320,60,1
2020 LINE 45,60,45,15,1
2030 LINE 45,185,320,185,1
2040 LINE 45,185,45,80,1
2050 TEXT 45,0,"ANGELEGTE SPANNUNG",1,1,10
```

```
2060 IF S=3 THEN LINE 37,50,42,50,1
2070 IF S=3 THEN LINE 37,30,42,30,1
2080 IF S=3 THEN TEXT 3,27,"MAX.",1,1,8
2090 IF S=3 THEN TEXT 23,47,"0",1,1,8
2100 IF L$<>"J" THEN TEXT 45,190,"SPANNUNG AM KONDENSATOR C",1,1,10
2110 IF L$="J" THEN TEXT 45,190,"SPANNUNG AM WIDERSTAND RV",1,1,10
2120 TEXT 0,80,"R :",1,1,8
2130 TEXT 0,95,R$,1,1,8
2140 TEXT 0,125,"C :",1,1,8
2150 TEXT 0,140,C$,1,1,8
2160 TEXT 0,170,"RV :",1,1,8
2170 IF L$="J" THEN TEXT 0,185,V$,1,1,8
2180 IF L$<>"J" THEN TEXT 0,185,"---",1,1,8
2190 RETURN
```

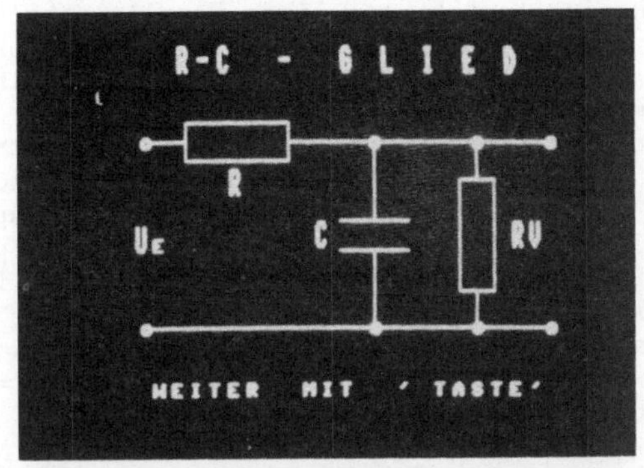

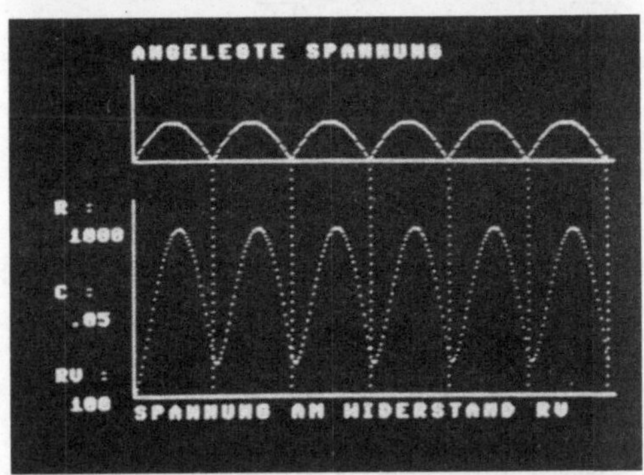

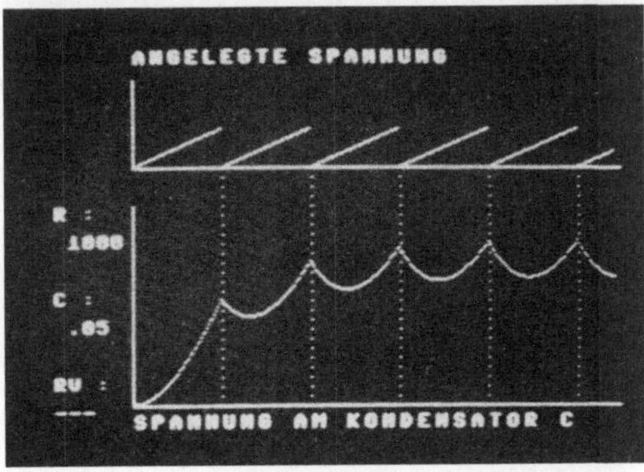

21. PARALLELRESONANZ

PROBLEMSTELLUNG

Mit diesem Programm soll das Resonanzverhalten eines Parallelschwingkreises gezeigt werden. Induktivität, Kapazität und Verlustwiderstand sind frei wählbar. Das Verhalten des Schwingkreises im Bereich von ± 30 % der Resonanzfrequenz sowie der Einfluß eines beliebigen Dämpfungswiderstandes werden grafisch dargestellt.
Für jeden Fall wird die Güte des Kreises angegeben.

PHYSIKALISCHE GRUNDLAGEN

Ein Parallelschwingkreis besteht aus einer Parallelschaltung von Spule und Kondensator. Die Verluste eines Parallelschwingkreises können entweder durch einen kleinen Serienwiderstand Rv zur Spule oder durch einen großen Parallelwiderstand R zum Schwingkreis dargestellt werden.
An Spule und Kondensator liegt dieselbe Spannung. Der Strom durch die Spule hinkt der Spannung um 90 Grad nach, der Strom durch den Kondensator eilt der Spannung um 90 Grad voraus, sodaß also beide Ströme gegenphasig sind. Unterhalb der Eigenfrequenz überwiegt der Strom durch die Spule, oberhalb der Eigenfrequenz überwiegt der Strom durch den Kondensator. Im Resonanzfall sind die Ströme durch Spule und Kondensator gleich groß.
Schwingkreise wirken bei Resonanz als Wirkwiderstände, wobei der induktive Widerstand $R_L = \omega . L$ gleich dem kapazitiven Widerstand $R_C = 1/\omega . C$ ist. Für die Resonanzfrequenz gilt die Beziehung

$$f_o = \frac{1}{2\pi\sqrt{LC}} \qquad\qquad \omega = \frac{1}{\sqrt{LC}}$$

Beim Parallelschwingkreis mit größeren Verlusten ist die Resonanzfrequenz etwas geringer.
Für den Leitwert G gilt:

$$G = \sqrt{(\frac{1}{Rv} + \frac{1}{R})^2 + (\omega . C - \frac{1}{\omega . L})^2}$$

Bei großen Verlusten ist die Resonanzkurve eines Schwingkreises flacher als bei kleinen Verlusten.
Schwingkreise gleicher Eigenfrequenz können mit Hilfe der Bandbreite verglichen werden. Unter der Bandbreite versteht man die Differenz der Frequenzen df, bei denen die Resonanzkurve auf 70 % ($1/\sqrt{2}$) des Höchstwertes abgefallen ist. Je größer die Bandbreite eines Schwingkreises bei bestimmter Eigenfrequenz ist, umso kleiner ist die Güte Q dieses Schwingkreises. $Q = f_0 / df$.
Die Güte eines Parallelschwingkreises ist umso größer, je größer der Parallelwiderstand des Kreises im Verhältnis zum induktiven oder kapazitiven Blindwiderstand bei Resonanz ist.

HINWEISE ZUR PROGRAMMGESTALTUNG

Im Unterprogramm ab Zeile 2000 wird das Schaltbild des Parallelschwingkreises dargestellt. Nach dem Eingabeblock (20 - 150) erfolgt in 200 bis 280 die Berechnung der Resonanzfrequenz und der beiden für die grafische Darstellung notwendigen Grenzfrequenzen ($\pm$ 30 % der Resonanzfrequenz). Im Block 300 - 430 wird das Koordinatensystem angelegt. Die Beschriftung erfolgt auf Grund der bereits ermittelten Resonanzfrequenz.

Für die entsprechend gewählten Parallelwiderstände R1 bis R4 wird jeweils der
Programmteil 900 - 1230 ausgeführt. Im Programmteil 900 bis 950 wird stets
der maximale Leitwert G0 ermittelt. Für R = 0 wird der Skalenfaktor SK
bestimmt, um die maximale Bildschirmhöhe für die Grafik auszunützen.
Im Hauptprogramm wird der Leitwert des Schwingkreises in Abhängigkeit von der
angelegten Frequenz berechnet (1050,1060). Um Fehlermeldungen bei Überschrei-
tung des Bildschirmrandes zu verhindern, wird durch die Zeile 1090 der
Zeichenbefehl (1100) übersprungen. Die Güte des Kreises wird in den Zeilen
1200 und 1210 berechnet und in 1220 angegeben.

LISTE DER VERWENDETEN VARIABLEN

I	Zählvariable (Grafik/Beschriftung)
A, B, C, D	Punktkoordinaten für Schaltbild
N	Zählvariable für Warteschleife
B$	Tastaturabfrage
C, C$	Kapazität des Kondensators
L, L$	Induktivität der Spule
RV, V$	Verlustwiderstand
R1 - R4	Parallelwiderstände
R1$-R4$	Beschriftung der Parallelwiderstände
FO	Resonanzfrequenz in Hertz
FR	Resonanzfrequenz in kHz, gerundet
FU	untere Frequenz (Beginn der Rechenschleife)
FO	obere Frequenz (Ende der Rechenschleife)
F	jeweilige Frequenz
S	Schrittweite der Frequenz
F1	Skalenfaktor für x-Achse
XX	Wert, um den die Bildschirmkoordinate reduziert wird
FA, FA$	Frequenzuntergrenze (für Beschriftung)
FB, FB$	Frequenzobergrenze (für Beschriftung)
F$	Beschriftung der Resonanzfrequenz
R	jeweiliger Parallelwiderstand
W	Kreisfrequenz
RL	induktiver Widerstand
RC	kapazitiver Leitwert
G0	Leitwert des Schwingkreises bei Resonanzfrequenz
G	jeweiliger Leitwert des Schwingkreises
KO	Widerstand bei Resonanz, mit Faktor versehen
KG	jeweiliger Widerstand, mit Faktor versehen
SK	Skalenfaktor für y-Achse
GG	70 % des Maximalwertes von KO (Güteberechnung)
FG	Frequenz, bei der KG 70 % von KO beträgt
FD	Frequenzintervall für Güteberechnung
Q, Q$	Güte
Z, ZZ	Flags

```
5 REM    ******************************
6 REM    *  P A R A L L E L R E S O N A N Z  *
7 REM    ******************************
8 :
10 GOSUB 2000
15 :
16 REM ***   * * *
17 REM *** EINGABE ***
18 REM ***   * * *
19 :
20 PRINT"⌂":PRINT
30 PRINT" EINGABEN :":PRINT
40 INPUT" C IN NANOFARAD    10█████";C
50 C=C*1E-9:PRINT
60 INPUT" L IN MILLIHENRY   2.35███████";L
70 L=L*1E-3:PRINT
80 INPUT" RV IN KILOOHM     5█████";RV:RV=RV*1000:PRINT
90 INPUT" R1 IN KILOOHM     5████";R1
100 R1=R1*1000:PRINT
110 INPUT" R2 IN KILOOHM    4████";R2
120 R2=R2*1000:PRINT
130 INPUT" R3 IN KILOOHM    3████";R3
140 R3=R3*1000:PRINT
150 INPUT" R4 IN KILOOHM    2████";R4:R4=R4*1000
195 :
196 REM ***    * * *
197 REM *** KONSTANTEN ***
198 REM ***    * * *
199 :
200 F0=1/(2*π*SQR(L*C)):F0=INT(F0+.5):FR=F0/1000
210 FR=0.1*INT(FR*10+0.5)
220 FU=INT(0.7*F0+.5):F1=300/(0.6*F0)
230 FO=INT(1.3*F0+.5):XX=F1*FU
240 FA=INT(FU/1000+.5):FA$=STR$(FA)
250 FB=INT(FO/1000+.5):FB$=STR$(FB)
260 F$=STR$(FR):C$=STR$(C):L$=STR$(L)
270 R1$=STR$(R1):R2$=STR$(R2):R3$=STR$(R3):R4$=STR$(R4)
280 V$=STR$(RV)
295 :
296 REM ***      * * *
297 REM *** GRAFIK KOORDINATEN ***
298 REM ***      * * *
299 :
300 HIRES 1,0:POKE 53280,0
310 LINE 0,0,0,180,1
320 LINE 0,180,320,180,1
330 LINE F1*F0-XX,170,F1*F0-XX,190,1
332 LINE 0,180,0,185,1
340 LINE 0,180,0,185,1
350 LINE 300,180,300,185,1
360 TEXT F1*F0-XX,190,F$,1,1,7
370 TEXT 0,190,FA$+" █K█H██",1,1,7
380 TEXT 265,190,FB$+" █K█H██",1,1,7
390 TEXT 5,10,"U",1,1,7
400 TEXT 222,10,"L  :  "+L$,1,1,7
410 TEXT 222,20,"C  :  "+C$,1,1,7
420 TEXT 222,30,"RV :  "+V$,1,1,7
430 TEXT 222,50,"R0 :   UNENDL.",1,1,7
440 TEXT 10,30,"GUETE:",1,1,8
495 :
```

```
496 REM ***          * * *
497 REM *** U.PRG.  BERECHNUNG ***
498 REM ***          * * *
499 :
500 R=0:I=0:GOSUB 900
510 IF R1<>0 THEN R=R1:TEXT 222,60,"R1 : "+R1$,1,1,7:I=10:Z=0:GOSUB 900
520 IF R2<>0 THEN R=R2:TEXT 222,70,"R2 : "+R2$,1,1,7:I=20:Z=0:GOSUB 900
530 IF R3<>0 THEN R=R3:TEXT 222,80,"R3 : "+R3$,1,1,7:I=30:Z=0:GOSUB 900
540 IF R4<>0 THEN R=R4:TEXT 222,90,"R4 : "+R4$,1,1,7:I=40:Z=0:GOSUB 900
550 PAUSE 1000
600 END
895 :
896 REM ***          * * *
897 REM *** MAXIMALWERTBERECHNUNG ***
898 REM ***          * * *
899 :
900 W=2*π*F0
910 RL=W*L:RC=W*C
920 IF R=0 THEN G0=SQR((1/RV)*(1/RV)+(RC-1/RL)*(RC-1/RL))
930 IF R<>0 THEN G0=SQR((1/R+1/RV)*(1/R)+(RC-1/RL)*(RC-1/RL))
940 K0=1/(30*G0):IF ZZ=0 THEN SK=175/K0
950 GG=K0*0.7:ZZ=1
995 :
996 REM ***          * * *
997 REM *** HAUPTPROGRAMM ***
998 REM ***          * * *
999 :
1000 S=200*F0/30000
1010 FOR F=FU TO F0 STEP S
1020 W=2*π*F
1030 RL=W*L:RC=W*C
1050 IF R=0 THEN G=SQR((1/RV)*(1/RV)+(RC-1/RL)*(RC-1/RL))
1060 IF R<>0 THEN G=SQR((1/R+1/RV)*(1/R)+(RC-1/RL)*(RC-1/RL))
1070 KG=1/(30*G)
1080 X=F1*F:Y=180-KG*SK
1090 IF KG*SK>180 THEN TEXT 25,140,"R BZW.RV AENDERN !",1,2,15:GOTO 1110
1100 PLOT X-XX,Y,1
1110 IF Z=0 THEN FG=F
1120 IF Z=0 THEN IF KG>=GG THEN Z=1
1130 NEXT
1200 FD=2*(F0-FG)
1210 Q=F0/FD:Q$=STR$(INT(Q+.5))
1220 TEXT 10,I+50,Q$,1,1,7
1230 RETURN
1995 :
```

```
1996 REM ***    * * *
1997 REM *** SCHALTBILD ***
1998 REM ***    * * *
1999 :
2000 HIRES 0,1:POKE 53280,1
2010 FOR I= 1 TO 32
2020 READ A,B,C,D
2030 LINE A,B,C,D,1
2040 NEXT
2050 DATA 20,45,300,45,160,45,160,115,80,60,190,60,190,60,207,57
2060 DATA 210,60,240,60,230,80,250,80,250,80,250,160,250,160,230,160
2070 DATA 230,160,230,80,80,60,80,70,80,95,80,180,75,70,85,70,85,70,85,95
2080 DATA 85,95,75,95,75,95,75,70,70,110,90,110,90,110,90,170
2090 DATA 90,170,70,170,70,170,70,110,20,195,300,195,160,125,160,195
2100 DATA 240,60,240,80,240,160,240,180,80,180,240,180
2110 DATA 140,114,180,114,140,115,180,115,140,125,180,125,140,126,180,126
2120 DATA 140,113,180,113,140,127,180,127,20,45,20,90,20,150,20,195
2130 PAINT 75,120,1
2140 PAINT 85,120,1
2145 :
2146 REM ***    * * *
2147 REM *** BESCHRIFTUNG ***
2148 REM ***    * * *
2149 :
2150 TEXT 17,90,"o",1,1,1
2160 TEXT 17,145,"o",1,1,1
2170 TEXT 300,42,"o",1,1,1
2180 TEXT 300,192,"o",1,1,1
2190 TEXT 157,42,"●",1,1,1
2200 TEXT 157,57,"●",1,1,1
2210 TEXT 157,177,"●",1,1,1
2220 TEXT 157,192,"●",1,1,1
2230 TEXT 2,10," PARALLELSCHWINGKREIS",1,2,15
2240 TEXT 8,115,"TFG",1,1,10
2250 TEXT 95,135,"L",1,1,1
2260 TEXT 92,79,"RV",1,1,10
2270 TEXT 187,117,"C",1,1,1
2280 TEXT 255,117,"R",1,1,1
2290 PAUSE 3
2300 FOR N=1 TO 100:NEXT
2310 B$=""
2320 TEXT 255,175,"TASTE !",2,1,10
2330 GET B$:IF B$="" THEN 2300
2340 CSET 0:POKE 53280,6
2350 RETURN
```

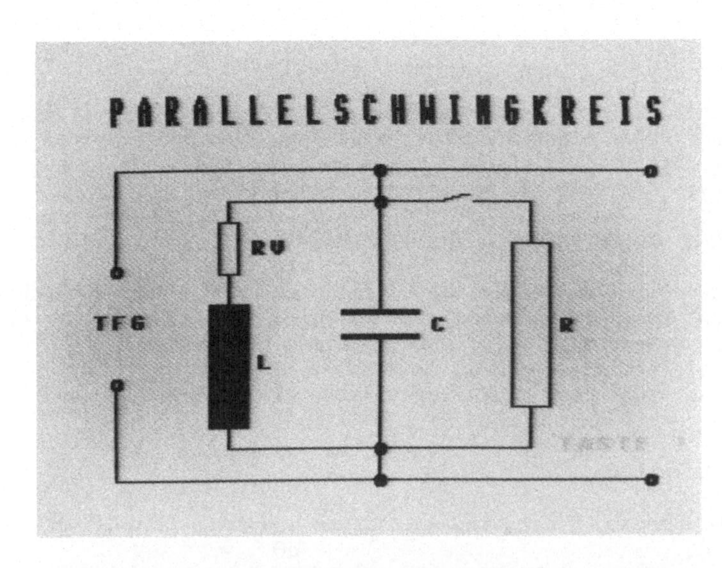

PARALLELSCHWINGKREIS
RV
TFG
L
C
R

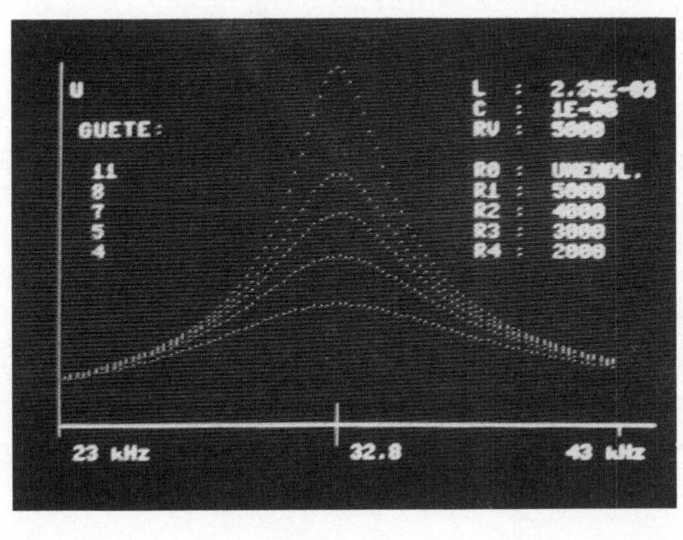

U
GUETE:
11
8
7
5
4
L : 2.25E-03
C : 1E-06
RV : 5000
R0 : UNENDL.
R1 : 5000
R2 : 4000
R3 : 3000
R4 : 2000
23 kHz
32.8
43 kHz

2 2 . E I N S C H W I N G U N G

PROBLEMSTELLUNG

Ein Kondensator, ein ohmscher Widerstand und ein Generator sind in Reihe geschaltet und über einen Schalter verbunden. Wenn der Schalter geschlossen wird, fließt Strom. Die Ladung des Kondensators und der Strom werden in Abhängigkeit von der Zeit als Diagramm dargestellt.

PHYSIKALISCHE GRUNDLAGEN - PROGRAMMAUFBAU

Der Kondensator hat die Kapazität C, der ohmsche Widerstand den Wert R. Zu Anfang besitzt der Kondensator die Ladung Q. Der Generator erzeugt die zeitabhängige Urspannung E(t). E(t) hat den Scheitelwert Es, und wenn es sinnvoll ist die Kreisfrequenz ω.
Die Urspannung muß den Spannungsabfall an Widerstand und Kondensator aufwiegen:

$$Ur + Uc = E(t) \ .$$

Ur ist die am ohmschen Widerstand abfallende Spannung. Gemäß U=I*R und

$$I = \frac{dQ}{dt} \qquad \text{folgt} \qquad Ur = R * \frac{dQ}{dt} \ .$$

Uc ist die am Kondensator abfallende Spannung. Es gilt

$$Uc = \frac{Q}{C} \ . \qquad \text{Man kann schreiben} \qquad R * \frac{dQ}{dt} + \frac{Q}{C} = E(t) \ .$$

Dies ist eine inhomogene lineare Differentialgleichung erster Ordnung mit konstanten Koeffizienten. Q ist gesucht, t ist die unabhängige Veränderliche. Um diese Gleichung mit numerischen Methoden zu lösen, ist eine weitere Umformung sinnvoll:

$$\frac{dQ}{dt} = \frac{E(t)}{R} - \frac{Q}{R * C} \ .$$

Diese Gleichung befindet sich in Programmzeile 30010.
Bevor nun die Gleichung gelöst wird, muß man noch E(t) definieren. Grundsätzlich ist jede Funktion möglich, es werden jedoch hier nur vier spezielle Formen zur Auswahl gestellt:

1.) Gleichspannung :   E(t) = Es

2.) Wechselspannung :   E(t) = Es * sin (ω * t)

3.) gleichgerichtete
    Wechselspannung :   E(t) = Es * abs (sin (ω * t))

4.) Rechteckspannung : E(t) = Es * sgn (sin (ω * t))

Der einfachste Weg zur numerischen Lösung der Gleichungen wäre die Methode der Polygonzüge. Da ihre Genauigkeit sehr gering ist, wird das Verfahren der eingeschalteten Halbschritte angewandt. dQ / dt, kurz Q' ist die Steigung von Q(t). In einem bekannten Punkt P(Q,t) kann Q' aus der Differentialgleichnug berechnet werden. Bildet man ein Differenzendreieck mit gegebenem dt, erhält man einen Punkt P', der auf der Tangente, nicht auf der Kurve, jedoch in der Nähe der Kurve liegt. Bei der Methode der Polygonzüge würde man auf den neuen Punkt P' wieder dasselbe Verfahren wie auf P anwenden.

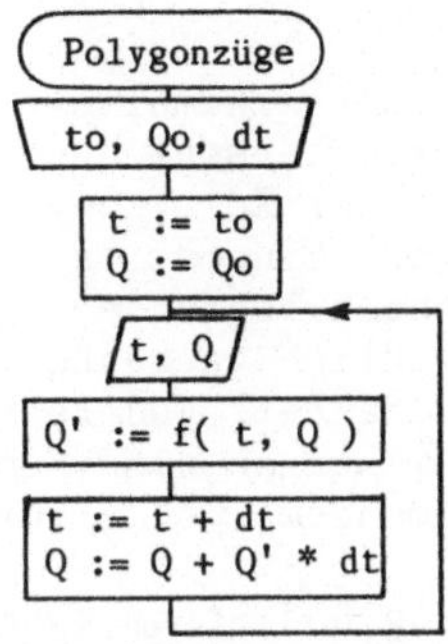

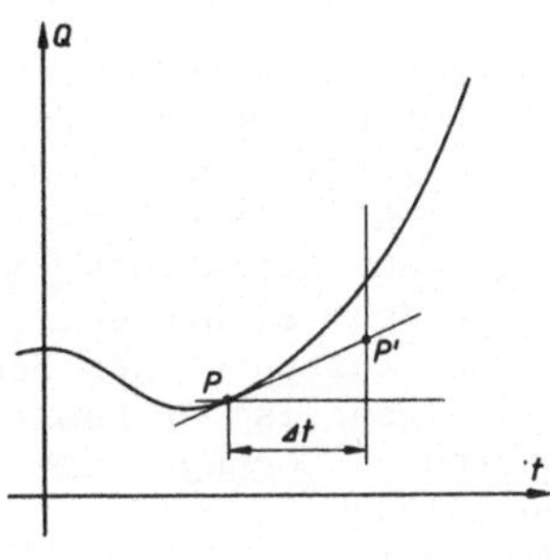

Beim Verfahren der eingeschalteten Halbschritte wird dieser Schritt als dt/2 betrachtet. Im Punkt P' wird wieder Q' berechnet, jedoch nicht verwendet, um das Differenzendreieck in P', sonderen in P zu bilden. Man erhält dann P". P" wird wieder so behandelt wie P. Dieses Verfahren wurde in Anlehnung an den Mittelwertsatz der Differentialrechnung entwickelt.

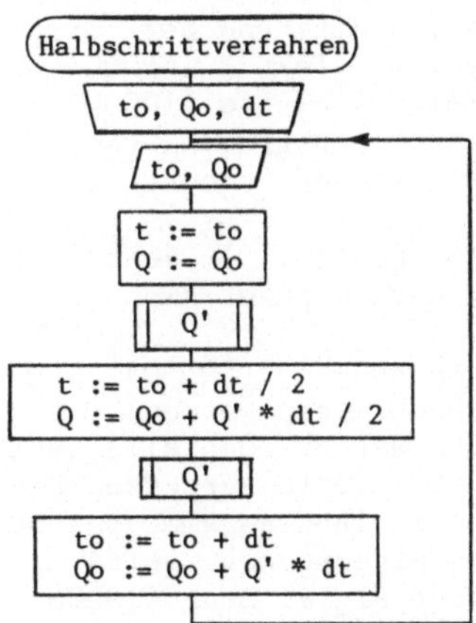

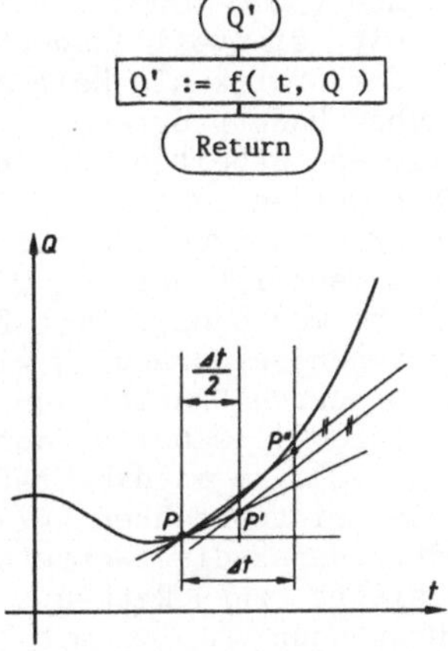

Wählt man (mit dem Cursor) Anfangswerte für t und Q aus, wird nach diesem Verfahren Q(t) angenähert und angezeigt. Es ist aber nicht nur die Ladung im Kondensator sondern auch der fließende Strom gefragt. Der Strom zu einem Zeitpunkt ist das jeweilige Q'.

Da es sich nur um ein Näherungsverfahren handelt, können bei unglücklich gewählten Bedingungen Ergebnisse erhalten werden, die auf den ersten Blick als unrealistisch erkannt werden. So empfiehlt sich etwa, bei der Rechteckschwingung grundsätzlich eine kleinere Schrittweite zu wählen als bei anderen Schwingungen gleicher Frequenz.

Es können mit diesem Programm mehrere Sachverhalte simuliert werden. Am wesentlichsten ist die Erscheinung des Attraktors. Verschiedene Ausgangsbedingungen verursachen Schwingungen, die im Laufe der Zeit konvergieren. Die Kurve, gegen die sie konvergieren, heißt Attraktor. Einerseits läßt sich die Existenz des Attraktors mit einfachen Überlegungen begründen; gäbe es ihn nicht, würden sich elektrische Geräte unterschiedlich verhalten, je nachdem zu welchem Zeitpunkt der Schwingung man sie einschaltet. Andererseits erhält man bei algebraischer Lösung der Differentialgleichungen eine Summe aus einer stationären Lösung und einer mit zunehmendem t verschwindenden Exponentialfunktion.
Die Phasenverschiebung zwischen Urspannung, Ladung und Strom kann beobachtet werden. Die Tatsache, daß der Strom die Ableitung der Ladung nach der Zeit ist, kann am Bildschirm überprüft werden. Die Abhängigkeit der Phasenverschiebung von R und C kann nachvollzogen werden.

HINWEISE ZUR PROGRAMMGESTALTUNG

Die Zeigerkonstanten (100) bestimmen das Erscheinungsbild des blinkenden Cursors im Diagramm. Die lineare Transformation Konstanten (1000) bestimmen Größe und Lage der Diagramme. Das Titelbild (2000) skizziert die Schaltung. Die Eingabe (3000-5000) von R, C, ω, Es, der Schrittweite und der Urspannung erfolgt mit sinnvoll ausgewählten Standardwerten. Der Text 2 (6000) bleibt während der Grafik als Help-Menü erhalten. Die Zeigerschleife (10000) ist das eigentliche Hauptprogramm, von dem aus die Unterprogramme (welche die schwierigeren Arbeiten erledigen) in Abhängigkeit von der gedrückten Taste aufgerufen werden.
Der Cursor wird immer gezeichnet (10110) und gelöscht (10130), deshalb blinkt er. Der Cursor ist auf das Q-t Diagramm bezogen, auch wenn er sich außerhalb des Bildschirmes oder im I-t Diagramm befindet.
Die Urspannungseintragung wird durch einen Pause-Befehl (10510) begrenzt, kann also durch Drücken von Return frühzeitig abgebrochen werden. Die Help-Routine (45000) schaltet auf die Textseite um und wartet ebenfalls auf ein Return (45010), um in die Grafikseite und die Hauptschleife zurückzukehren.
Das Halbschrittverfahren (24000-26000) wird wie im Flußdiagramm beschrieben angewandt. Wenn die Werte über den rechten Rand hinausgehen, wird in die Zeigerschleife zurückgekehrt (25050). Die Differentialgleichung (30000) wählt die Urspannung mit einer ON GOSUB Anweisung aus. Das Streckenzugunterprogramm (35000-36000) erledigt die Darstellung der berechneten Werte, die mit einer linearen Transformation (50000-50100) in Bildschirmkoordinaten umgewandelt werden. Die Grenzen des Bildschirmes werden berücksichtigt (50040-50060).

LISTE DER VERWENDETEN VARIABLEN

KR$	Cursordefinition
HM, VM	horizontales,vertikales Maximum der Bildschirmkoordinaten
MT,MI,MQ	Maßstab der Zeit, Stromstärke, Ladung
G$	Tastaturabfragestring
R	ohmscher Widerstand
C	Kapazität
OM	Kreisfrequenz der Schwingung
ES	Scheitelspannung
AR	Art der Urspannung
DT	Zeitschritt
DH	Zeitschritt halbe
UI,UQ,UT	Ursprung der Stromstärke, Ladung, Zeit
DI	Diagrammgestaltungsvariable
RC	R * C
BS, SS	große, kleine Schrittweite
TO	Zeit im Halbschrittverfahren
QO	Ladung im Halbschrittverfahren
ZS	Schrittweite
H	horizontale Koordinate
VI, VQ	vertikale Koordinate der Stromstärkenkurve, Ladungskurve
FI, FQ	Flag der Stromstärkenkurve, Ladungskurve
A$, GE$	Taststurabfragestrings
HO, VE	Horizontalkoordinate, Vertikalkoord. der Urspannungskurve

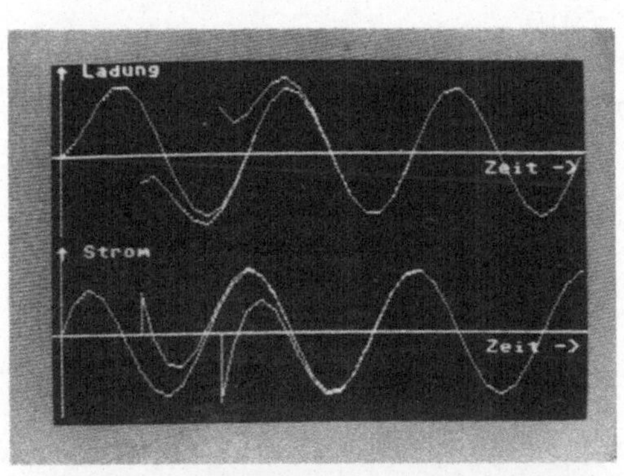

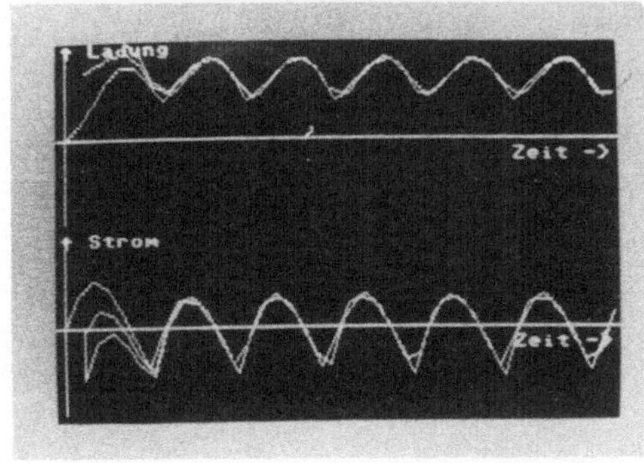

```
5 REM     ********************
6 REM     *  EINSCHWINGUNG  *
7 REM     ********************
8 :
9 :
96 REM ***        * * *
97 REM *** ZEIGERKONSTANTEN ***
98 REM ***        * * *
99 :
100 KR$="0088888000117777119"
110 ROT 1,2
995 :
996 REM ***               * * *
997 REM *** LINEARE TRANSF. KONSTANTEN ***
998 REM ***               * * *
999 :
1000 HM=320
1010 VM=200
1020 HI=HM/2
1030 VI=VM/2
1040 MT=16
1050 MI=50
1060 MQ=50
1995 :
1996 REM ***   * * *
1997 REM *** TITELBILD ***
1998 REM ***   * * *
1999 :
2000 HIRES 1,0:POKE 53280,2
2010 REC 60,30,200,100,1
2020 LINE 90,30,130,30,0
2030 REC 90,20,40,20,1
2040 LINE 205,30,215,30,0
2050 LINE 205,10,205,50,1
2060 LINE 215,10,215,50,1
2070 LINE 90,130,130,130,0
2080 LINE 90,130,129,120,1
2090 LINE 190,130,230,130,0
2100 CIRCLE 210,130,21,21,1
2200 TEXT 105,45,"⬛R",1,2,7
2210 TEXT 205,55,"⬛C",1,2,7
2220 TEXT 105,135,"⬛S",1,2,7
2230 TEXT 197,122,"⬛E(⬛T)",1,2,7
2400 TEXT 200,191,"⬛RETURN ⬛DRUECKEN",1,1,8
2410 GET G$:IF G$<>CHR$(13) THEN 2410
2995 :
2996 REM ***  * * *
2997 REM *** TEXT 1 ***
2998 REM ***  * * *
2999 :
3000 CSET0
3010 PRINT"⬛":POKE 53280,1:POKE 53281,1
3020 PRINT" ┌──────────────────────────────────────┐ "
3030 PRINT" | EINSCHWINGUNG IM ELEKTRISCHEN KREIS | "
3040 PRINT" └──────────────────────────────────────┘ "
3995 :
3996 REM ***               * * *
3997 REM *** EINGABE VON R , C , OM , ES ***
3998 REM ***               * * *
3999 :
```

```
4000 PRINT
4005 PRINT:PRINT"WIDERSTAND        [ OHM ]        ";
4010 INPUT"   1    ";R
4015 PRINT:PRINT"KAPAZITAET        [ FARAD ]     ";
4020 INPUT"   1    ";C
4025 PRINT:PRINT"KREISFREQUENZ  [ 1/SEK ]    ";
4030 INPUT"   1    ";OM
4035 PRINT:PRINT"SCHEITELWERT    [ VOLT ]      ";
4040 INPUT"   1    ";ES
4495 :
4496 REM ***           * * *
4497 REM *** AUSWAHL  DER URSPANNUNG ***
4498 REM ***           * * *
4499 :
4500 PRINT:PRINT:PRINT"  ZUR AUSWAHL STEHENDE URSPANNUNGEN  :"
4520 PRINT:PRINT" 1   GLEICHSPANNUNG"
4530 PRINT:PRINT" 2   WECHSELSPANNUNG"
4540 PRINT:PRINT" 3   GLEICHGERICHTETE WECHSELSPANNUNG"
4550 PRINT:PRINT" 4   RECHTECKSPANNUNG"
4600 PRINT:INPUT"GEWAEHLTE ART   2    ";AR
4995 :
4996 REM              * * *
4997 REM *** SONSTIGE VARIABLE ***
4998 REM              * * *
4999 :
5000 PRINT:PRINT:PRINT"SCHRITTWEITE     [ SEK ]       ";
5005 INPUT"  0.5      ";DT
5010 DH=DT/2
5020 UI=150
5030 UQ=50
5040 UT=5
5050 DI=5
5060 RC=R*C
5200 BS=1
5210 SS=0.1
5995 :
5996 REM ***  * * *
5997 REM *** TEXT 2 ***
5998 REM ***  * * *
5999 :
6000 PRINT""
6100 PRINT"                                            "
6105 PRINT" ITASTE:  |        |WIRKUNG:  |           "
6110 PRINT"                                            "
6115 PRINT
6120 PRINT" RETURN        KURVE DURCH T0,Q0          "
6130 PRINT" : SPACE       : KURVE ABBRECHEN          "
6135 PRINT:PRINT
6140 PRINT" CURSOR        ZEIGER AUF ANDERES T0,Q0   "
6145 PRINT:PRINT
6150 PRINT" 0            ZEIGER AUF T0=0,Q0=0        "
6155 PRINT:PRINT
6160 PRINT" G,K          GROSZER, KLEINER SCHRITT    "
6165 PRINT:PRINT
6170 PRINT" U            URSPANNUNG EINTRAGEN        "
6180 PRINT" : RETURN     : URSPANNUNG LOESCHEN       "
6185 PRINT:PRINT
6190 PRINT" H            HELP                        "
6500 PRINT:PRINT"         RETURN DRUECKEN -> DIAGRAMM ";
6510 GET G$:IF G$<>CHR$(13) THEN 6510
6995 :
```

```
6996 REM ***         * * *
6997 REM *** DIAGRAMMGESTALTUNG ***
6998 REM ***         * * *
6999 :
7000 HIRES 1,0: POKE 53280,2
7010 LINE 0,UI,320,UI,1
7020 LINE 0,UQ,320,UQ,1
7030 LINE UT,DI,UT,200-DI,1
7040 LINE UT,(UI+UQ)/2-DI,UT,(UI+UQ)/2+DI,0
7100 TEXT 260,UI+5,"▪Z▪EIT ->",1,1,8
7110 TEXT 260,UQ+5,"▪Z▪EIT ->",1,1,8
7120 TEXT UT-3,(UI+UQ)/2,"▪↑ S▪TROM",1,1,8
7130 TEXT UT-3,0,"▪↑ L▪ADUNG",1,1,8
9995 :
9996 REM ***         * * *
9997 REM *** ZEIGERSCHLEIFE ***
9998 REM ***         * * *
9999 :
10000 T0=0:Q0=0
10010 ZS=BS
10100 GOSUB 50000
10110 IF FQ=0 THEN DRAW KR$,H,VQ,2
10120 GET A$
10130 IF FQ=0 THEN DRAW KR$,H,VQ,2
10200 IF A$=CHR$(13) THEN GOSUB 24000
10300 IF A$="▮" THEN T0=T0+ZS
10310 IF A$="▮" THEN T0=T0-ZS
10320 IF A$="▯" THEN Q0=Q0+ZS
10330 IF A$="▮" THEN Q0=Q0-ZS
10400 IF A$="G" THEN ZS=BS
10410 IF A$="K" THEN ZS=SS
10500 IF A$="0" THEN 10000
10510 IF A$="U" THEN GOSUB 40000:PAUSE 30: GOSUB 40000
10600 IF A$="H" THEN GOSUB 45000
11000 GOTO 10100
23996 REM ***         * * *
23997 REM *** HALBSCHRITTVERFAHREN ***
23998 REM ***         * * *
23999 :
24000 TZ=T0:QZ=Q0
24010 RF=1
24020 QS=0
24100 GOSUB 50000
24110 GOSUB 35000
24995 :
24996 REM ***             * * *
24997 REM *** EIN SCHRITT IM HALBSCHRITTVERFAHREN ***
24998 REM ***             * * *
24999 :
25000 T=T0:Q=Q0
25010 GET G$
25020 IF G$=" " THEN T0=TZ:Q0=QZ:RETURN
25030 GOSUB 30000
25040 GOSUB 50000
25050 IF H>320 THEN T0=TZ:Q0=QZ:RETURN
25060 GOSUB 35000
25070 T=T0+DH:Q=Q0+QS*DH
25080 GOSUB 30000
25090 T0=T0+DT:Q0=Q0+QS*DT
25100 GOTO 25000
29995 :
```

```
29996 REM ***            * * *
29997 REM *** DIFFERENTIALGLEICHUNG ***
29998 REM ***            * * *
29999 :
30000 ON AR GOSUB 31100,31200,31300,31400
30010 QS=ET/R-Q/RC:RETURN
30995 :
30996 REM ***               * * *
30997 REM *** ELEKTROMOTORISCHE KRAEFTE ***
30998 REM ***               * * *
30999 :
31100 ET=ES:RETURN
31200 ET=ES*SIN(OM*T):RETURN
31300 ET=ES*ABS(SIN(OM*T)):RETURN
31400 ET=ES*SGN(SIN(OM*T)):RETURN
34995 :
34996 REM ***            * * *
34997 REM *** STRECKENZUGUNTERPROGRAMM ***
34998 REM ***            * * *
34999 :
35000 IF RF=1 THEN RF=0:H1=H:V1=VI:V2=VQ:F1=FI:F2=FQ
35100 IF FI=0 AND F1=0 THEN LINE H,VI,H1,V1,1
35110 IF FQ=0 AND F2=0 THEN LINE H,VQ,H1,V2,1
35200 H1=H:V1=VI:V2=VQ:F1=FI:F2=FQ
35300 RETURN
39995 :
39996 REM ***        * * *
39997 REM *** ZEICHNEN DER EMK ***
39998 REM ***        * * *
39999 :
40000 T=0
40010 T=0
40100 ON AR GOSUB 31100,31200,31300,31400
40110 HO=UT+MT*T
40120 VE=UI-MI*ET
40130 IF HO>320 THEN RETURN
40140 IF VE>=0 AND VE<=200 THEN PLOT HO,VE,2
40150 T=T+DH
40160 GOTO 40100
44995 :
44996 REM ***      * * *
44997 REM *** HELP-ROUTINE ***
44998 REM ***      * * *
44999 :
45000 CSET0
45010 GET GE$:IF GE$<>CHR$(13) THEN 45010
45020 CSET2
45030 RETURN
49995 :
49996 REM ***             * * *
49997 REM *** LINEARE  TRANSFORMATION ***
49998 REM ***             * * *
49999 :
50000 H=UT+MT*T0
50010 VI=UI-MI*QS
50020 VQ=UQ-MQ*QQ
50030 FI=0:FQ=0
50040 IF VI<0 OR VI>200 THEN FI=1
50050 IF VQ<0 OR VQ>200 THEN FQ=1
50060 IF H<0 OR H>320 THEN FI=1:FQ=1
50070 RETURN
```

23. OSZILLOSKOP

PROBLEMSTELLUNG

Durchlaufen elektrisch geladene Teilchen ein elektrisches Feld, so wirkt auf sie normal zu ihrer Bewegungsrichtung eine Kraft. Die Größe der Kraft, und damit die Ablenkung der Elektronen, hängt von der Stärke des elektrischen Feldes ab. Bei einem Oszilloskop ist die Ablenkung außerdem noch von der Geometrie des Ablenksystems und von der Geschwindigkeit der Elektronen abhängig.

PHYSIKALISCHE GRUNDLAGEN - PROGRAMMAUFBAU

Legt man an die horizontalen Platten (Länge s) des Ablenksystems in einem Oszilloskop eine Spannung U an, so herrscht zwischen den Platten (Abstand d) ein fast homogenes Feld mit der Feldstärke $E = U/d$. Auf die sich mit der Geschwindigkeit v bewegenden Elektronen wirkt eine konstante Kraft $F = e.U/d$, wobei e die Ladung des Elektrons ist (im Programm in Zeile 530). Die Bewegung erfolgt entlang einer Parabel. Die Beschleunigung beträgt $a = F/me$, wobei me die Masse des Elektrons ist (in Zeile 540). Die Laufzeit zwischen den Ablenkplatten ist $t = s/v$. Die Geschwindigkeit v der Elektronen wird durch die Beschleunigungsspannung UB bestimmt.

$$v = \sqrt{\frac{2.UB.e}{m}} = \sqrt{2.UB.SE} \qquad \text{(Zeile 560)}$$

Die Ablenkung der Elektronen nach Durchlaufen der Platten wird als y1 angegeben, die Ablenkung auf dem Bildschirm als y2, wobei l der Abstand des Bildschirms von der Kondensatormitte ist.

$$y1 = \frac{s^2.U}{4.d.UB} \quad \text{(Zeile 580)} \qquad y2 = \frac{U.s.(s+2.1)}{4.d.UB} \quad \text{(Zeile 590)}$$

Da die Ablenkung der Elektronen am Bildschirm eines Oszilloskops proportional zur angelegten Spannung U ist, können auf diese Weise auch Spannungnen gemessen werden.

HINWEISE ZUR PROGRAMMGESTALTUNG

Die Titelseite wurde mit Absicht etwas aufwendiger gestaltet. Nach dem Blinken der Überschrift (Zeile 50, 60) wird der Text Wort für Wort langsam geschrieben (80-160). Die Pausen werden durch eine Warteschleife (6100) festgelegt. Nach dem Erscheinen des Wortes "Elektronen" wird die Bewegung der Elektronen durch das Unterprogramm 7000 simuliert. Die Ablenkplatten werden in 170-190 gezeichnet. Durch Drücken einer beliebigen Taste erscheint der Eingabeblock 290-350.
Nach dem Einlesen der Konstanten wird das Oszilloskop am Bildschirm skizziert, wobei die Ablenkplatten gemäß der Eingabe maßstabsgetreu gezeichnet werden. Entsprechend der gewählten Polung der Platten wird auch die Farbe der Ablenkplatten samt entsprechender Beschriftung gewählt (840-950). Der Bildschirm wird in 960 und die Kathode in 1000 und 1010 gezeichnet. In 1020 wird der Weg der Elektronen von der Kathode bis zu den Ablenkplatten hin gezeichnet. Die Elektronenbewegung selbst wird mit dem Halbschrittverfahren berechnet. Die jeweilige Beschleunigung wird in Zeile 2000 ermittelt.
In 1540 erfolgt die Abfrage, ob die Elektronen auf die Ablenkplatten auftreffen, und in 1630 die Abfrage, ob sie nach dem Verlassen der Platten so stark abgelenkt sind, daß sie nicht mehr auf den Bildschirm gelangen könen. Durch das Unterprogramm 5000 erfolgt die entsprechende Meldung.

Jedesmal, wenn ein Bahnpunkt gezeichnet wird, erfolgt ein akustisches Signal (4000-4040). Das Auftreffen am Bildschirm wird sowohl durch ein eigenes Auftreffgeräusch (3010-3160) signalisiert als auch durch ein Blinkzeichen an der entsprechenden Stelle des Bildschirms. Mit Hilfe des Ablenkformeln (580-590) wird die Ablenkung des Strahles ausgerechnet und im Block 3300-3370 angegeben.

LISTE DER VERWENDETEN VARIABLEN

S	Plattenlänge
D	Plattenabstand
DT	Zeitschritt
T	Laufzeit
UB	Beschleunigungsspannung
U	Ablenkspannung
L	Abstand des Bildschirms von der Kondensatormitte
E	Elementarladung
FE	elektrische Kraft auf Elektronen
ME	Masse des Elektrons
SE	spezifische Ladung des Elektrons
A	Normalbeschleunigung
V	Geschwindigkeit der Elektronen beim Eintritt in den Kondensator
X, Y	Ortskoordinaten der Elektronen
XX, YY	Bildschirmkoordinaten der Elektronen
V	jeweilige Geschwindigkeit
Q1	Ablenkung nach Verlassen der Platten
Q2	Ablenkung am Bildschirm
K	Faktor zum Zeichnen der Ablenkplatten
V$	Ladungsvorzeichen der Ablenkplatten
DD	Geometriefaktor (Ablenkplatten)
F	Zeichenfarbe für Ablenkplatten
Z	Zählvariable (Blinken der Auftreffstelle)
SS	Speicherplatz für Aufttreffgeräusch
A1,A1$,P$	Angabe der Ablenkung nach den Platten
A2,A2$,B$	Angabe der Ablenkung am Bildschirm

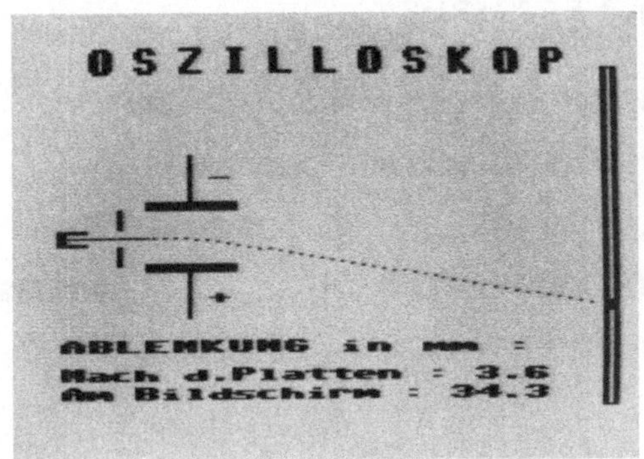

```
5 REM    ******************************
6 REM    *  O S Z I L L O S K O P  *
7 REM    ******************************
8 :
9 :
10 PRINT"🥄"
15 :
16 REM *** * * *
17 REM *** TITELSEITE ***
18 REM *** * * *
19 :
20 HIRES 1,1:MULTI 8,3,4
30 POKE 53280,11:POKE 53281,11
40 FOR J= 1 TO 3
50 TEXT 2,0,"OSZILLOSKOP",0,1,15:GOSUB 6000
60 TEXT 2,0,"OSZILLOSKOP",3,1,15:GOSUB 6000
70 NEXT
80 TEXT 0,30,"ABLENKUNG",1,1,9:GOSUB 6100
90 TEXT 0,30,"      BEWEGTER",1,1,9:GOSUB 6100
100 TEXT 0,45,"ELEKTRONEN",1,1,9:VOL 10
110 GOSUB 7000
120 GOSUB 6100
130 TEXT 0,45,"           IM",1,1,9:GOSUB 6100:VOL 10
140 TEXT 0,45,"        FELD",1,1,9:GOSUB 6100
150 TEXT 0,60,"EINES",1,1,9:GOSUB 6100
160 TEXT 0,60,"     KONDENSATORS",1,1,9:GOSUB 6100
170 REC 25,117,20,4,1:PAINT 30,120,1
180 REC 25,139,20,4,1:PAINT 30,140,1
190 LINE 35,120,35,100,1:LINE 35,140,35,160,1
200 GOSUB 7000
210 LOW COL 1,3,7
220 TEXT 50,105,"2",1,1,1
230 TEXT 50,150,"1",1,1,1
240 GOSUB 7000
250 TEXT 100,190,"TASTE",3,1,12
260 A$=""
270 GET A$:IF A$="" THEN GOSUB 7000:GOTO 270
280 CSET 0:POKE 53280,1:POKE 53281,1
285 :
286 REM *** * * *
287 REM *** EINGABE ***
288 REM *** * * *
289 :
290 PRINT"E I N G A B E :":PRINT
300 INPUT"PLATTE 1 + ODER -    +    ";V$
305 PRINT
310 INPUT"PLATTENLAENGE  IN CM ( <12 ) :    5    ";S
315 PRINT
320 INPUT"PLATTENABSTAND  IN CM :    6    ";D
325 PRINT
330 INPUT"ZEITSCHRITT IN SEC. :    5E-10        ";DT
335 PRINT
340 INPUT"BESCHLEUNIGUNGSSPANNUNG IN VOLT :    400      ";UB
345 PRINT
350 INPUT"ABLENKSPANNUNG IN VOLT :    80     ";U
495 :
```

```
496 REM ***      * * *
497 REM *** KONSTANTEN ***
498 REM ***      ***
499 :
500 D=D/100:S=S/100
510 L=130-500*S:L=L/500
520 E=1.6022E-19
530 FE=E*U/D:ME=9.1096E-31
540 A=FE/ME
550 SE=1.7588E+11
560 V0=SQR(2*UB*SE)
570 X=0:V=0:Y=0
580 Q1=U*S*S/(4*D*UB)
590 Q2=U*S*(S+2*L)/(4*D*UB)
600 IF V$="+" THEN K=1
610 IF V$="-" THEN K=-1
620 DD=500*D-15
695 :
696 REM ***         * * *
697 REM *** ZEICHNUNG OSZILLOSKOP ***
698 REM ***         * * *
699 :
700 HIRES 0,1:MULTI 0,2,6:POKE 53280,1
710 TEXT 8,0,"O  I  O  O",1,2,13
720 TEXT 8,0," S  L  S  P",2,2,13
730 TEXT 8,0,"  Z  L  K",3,2,13
800 TEXT 0,96,"Γ",1,1,1
810 TEXT 0,97,"L",1,1,1
820 LINE 17,85,17,95,1
830 LINE 17,105,17,115,1
840 F=2:IF K =1 THEN F=3
850 REC 25,96-(D/.004),500*S,4,F
860 PAINT 30,98-(D/.004)+1,F
870 LINE 25+250*S,96-(D/.004),25+250*S,71-(D/.004),F
880 F=3:IF K =1 THEN F=2
890 IF V$="+" THEN TEXT 30+250*S,80-(D/.004),"-",3,1,1
900 IF V$="+" THEN TEXT 30+250*S,115+(D/.004),"+",2,1,1
910 IF V$="-" THEN TEXT 30+250*S,80-(D/.004),"+",2,1,1
920 IF V$="-" THEN TEXT 30+250*S,115+(D/.004),"-",3,1,1
930 REC 25,100+(D/.004),500*S,4,F
940 PAINT 33,99+(D/.004)+2,F
950 LINE 25+250*S,100+(D/.004),25+250*S,129+(D/.004),F
960 REC 157,10,3,180,1
1000 TEXT 0,96,"Γ",1,1,1
1010 TEXT 0,97,"L",1,1,1
1020 LINE 3,100,25,100,3
1030 VOL 15
1495 :
```

```
1496 REM ***       * * *
1497 REM *** RECHENSCHLEIFE ***
1498 REM ***       * * *
1499 :
1500 GOSUB 2000
1510 T=T+DT
1520 X=X+V0*DT
1530 Y=Y+V*DT
1540 IF X<=S THEN IF 1000*Y>=DD GOTO 5000
1550 GOSUB 2000
1560 GOSUB 4000
1570 XX=500*X+25:YY=1000*K*Y+100
1580 PLOT XX,YY,3
1590 IF X>=S THEN 1610
1600 GOTO 1500
1610 X=X+V0*DT:Y=Y+V*DT
1620 XX=500*X+25:YY=1000*K*Y+100
1630 IF ABS(1000*Y)>90 THEN 5000
1640 IF XX>=155 THEN 3000
1650 GOSUB 4000
1660 PLOT XX,YY,3
1670 GOTO 1610
1995 :
1996 REM ***        * * *
1997 REM *** UPRG. / HALBSCHRITT **
1998 REM ***        * * *
1999 :
2000 V=V+A*DT/2
2020 RETURN
2995 :
2996 REM ***            * * *
2997 REM *** AUFTREFFEN/BILDSCHIRM ***
2998 REM ***            * * *
2999 :
3000 TEXT 155,YY-3,"●",3,1,1
3010 SS=54272:VOL 15
3020 POKE SS+6,240
3030 POKE SS+4,17
3040 FOR Z = 1 TO 4
3050 FOR R= 1 TO 255 STEP 10
3060 POKE SS+1,R
3070 NEXT R
3080 NEXT Z
3090 TEXT 155,YY-3,"●",0,1,1
3100 FOR Z = 1 TO 4
3110 FOR R= 1 TO 255 STEP 10
3120 POKE SS+1,R
3130 NEXT R
3140 NEXT Z
3150 TEXT 155,YY-3,"●",3,1,1
3160 POKE SS+24,0
3295 :
```

```
3296 REM ***         * * *
3297 REM *** AUSDRUCK/ABLENKUNG ***
3298 REM ***         * * *
3299 :
3300 A1=1000*Q1:A1=INT(10*A1+.5)/10
3310 A2=1000*Q2:A2=INT(10*A2+.5)/10
3320 A1$=STR$(A1):A2$=STR$(A2)
3330 TEXT 0,155,"ABLENKUNG IN MM :",1,1,8
3340 P$="NACH D.PLATTEN :"+A1$
3350 B$="AM BILDSCHIRM :"+A2$
3360 TEXT 0,170,P$,1,1,7
3370 TEXT 0,180,B$,1,1,7
3380 PAUSE 1000
3390 RUN
3995 :
3996 REM ***      * * *
3997 REM *** TON/ELEKTRONEN ***
3998 REM ***      * * *
3999 :
4000 WAVE 1,00010000
4010 ENVELOPE 1,4,2,12,4
4020 MUSIC 3,"1A5G"
4030 PLAY 2
4040 RETURN
4995 :
4996 REM ***         * * *
4997 REM *** HINWEIS AUF ABBRUCH ***
4998 REM ***         * * *
4999 :
5000 TEXT 0,155,"ABLENKSPG. ZU GROSS",2,1,8
5010 TEXT 0,170,"ELEKTRONEN GELANGEN",2,1,8
5020 TEXT 0,180,"NICHT AUF DEN",2,1,8
5030 TEXT 0,190,"BILDSCHIRM !",2,1,8
5040 PAUSE 15
5050 RUN
5995 :
5996 REM ***       * * *
5997 REM *** WARTESCHLEIFEN ***
5998 REM ***       * * *
5999 :
6000 FOR I=1 TO 200:NEXT
6010 RETURN
6100 FOR I=1 TO 500:NEXT
6110 RETURN
6995 :
6996 REM ***          * * *
6997 REM *** "BEWEGTE ELEKTRONEN" ***
6998 REM ***          * * *
6999 :
7000 FOR R= 10 TO 150 STEP 10
7010 GOSUB 4000
7020 TEXT R-10,124,".",0,1,1
7030 TEXT R,124,".",2,1,1
7040 FOR I=1 TO 50:NEXT
7050 NEXT
7060 TEXT 150,124,".",0,1,1
7070 RETURN
```

2 4 .   L O R E N T Z - K R A F T

PROBLEMSTELLUNG

Auf Elektronen, die sich in einem magnetischen Feld normal zu ihrer Bewegungsrichtung bewegen, wirkt eine ablenkende Kraft, die Lorentzkraft. Diese wirkt normal zur Bewegungsrichtung und zur Richtung der Elektronen und normal zur Richtung des Magnetfeldes. Ist das Magnetfeld konstant, so ist die entstehende Bahnkurve ein Kreis. Bei großen Bahngeschwindigkeiten muß die Elektronenmasse relativistisch betrachtet werden. Um bei der Simulation der Bewegung der Elektronen zu richtigen Ergebnissen zu kommen, ist die Verwendung eines geeigneten Rechenverfahrens notwendig.

PHYSIKALISCHE GRUNDLAGEN - PROGRAMMAUFBAU

Treten Elektronen (Ladung e) mit einer bestimmten Geschwindigkeit v in ein homogenes Magnetfeld der Stärke B, so wirkt normal auf B und v eine Kraft F, die sie aus ihrer Bewegungsrichtung ablenkt. Diese Kraft ist die Lorentzkraft. Für den Betrag der Kraft gilt: $F = e.v.B$.
Da F, v und B vektorielle Größen sind, ist der Zusammenhang besser gegeben durch die Vektorgleichung

$$\vec{F} = e.(\ \vec{v} \times \vec{B}\ ) \quad \text{mit } \vec{v} = (v_x,\ v_y,\ 0) \quad \text{und} \quad \vec{B} = (0,\ 0,\ B)$$

Das Magnetfeld sei normal zur Bewegungsrichtung und damit zum Geschwindigkeitsvektor. Das vektorielle Produkt ergibt somit

$$\vec{v} \times \vec{B} = (\ v_y.B,\ -v_x.B,\ 0\ )$$

Infolge der Lorentzkraft erfahren die Elektronen eine Beschleunigung $a = F/m$. Für die Komponenten der Beschleunigung gilt dann:

$$a_x = \frac{e.B}{m} \cdot v_y \qquad a_y = -\frac{e.B}{m} \cdot v_x$$

Das vorliegende Programm soll die Bewegung der Elektronen simulieren. Außerdem soll die Qualität unterschiedlicher Rechenverfahren gezeigt werden. Für große Geschwindigkeit der Elektronen muß die Berechnung relativistisch vorgenommen werden. Die Masse m muß ersetzt werden durch

$$m_{rel} = m / \sqrt{1 - \frac{v^2}{c^2}} \qquad c \dots \text{Lichtgeschwindigkeit}$$

Der Radius der Kreisbahn ergibt sich aus der Beziehung Lorentzkraft = Zentripetalkraft:

$$e.v_0.B = \frac{m.v_0^2}{r} \qquad \text{und daraus} \quad r = \frac{v_0.m}{e.B} \qquad \text{oder} \quad r = \frac{v_0}{K}$$

HINWEISE ZUR PROGRAMMGESTALUNG

Das Titelbild stellt die Versuchsanordnung dar. Es stehen vier verschiedene Rechenverfahren, die zu unterschiedlichen Ergebnissen führen, zur Auswahl. In Zeile 240 erfolgt die Entscheidung, ob die Bahn der Elektronen in einem Fadenstrahlrohr oder die Bewegung sehr schneller Elektronen entlang einer Kreisbahn, betrachtet werden soll. Für das Fadenstrahlrohr umfaßt der Eingabeblock die Zeilen 270-380, für schnelle Elektronen 410-560. Dabei kann man die

Stärke des Magnetfeldes, die Geschwindigkeit und die Größe des Zeitschrittes wählen. In diesem Programm ist die Komponente VX der Geschwindigkeit gleich der gewählten Anfangsgeschwindigkeit, VY ist zu Beginn der Bewegung gleich null. Den für die Zeichnung notwendigen Skalenfaktor kann man entweder an die Größe der darzustellenden Kreisbahn anpassen lassen, oder man arbeitet zu Vergleichszwecken mit einem konstanten Skalenfaktor (Abfrage in 310, 470).
Die Berechnungen können mit oder ohne Halbschrittverfahren, das in diesem Fall sogar ein doppeltes Halbschrittverfahren ist, durchgeführt werden. Für schnelle Elektronen kann man die Bewegung auch relativistisch und nichtrelativistisch betrachten. Dabei läßt sich zeigen, daß bei nichtrelativistischer Berechnung die Geschwindigkeit der Elektronen keineswegs konstant ist, sondern sogar über die Lichtgeschwindigkeit hinaus zunehmen würde.
In 570-640 erfolgt die Festlegung der verwendeten Konstanten. Dabei wird für e/m die Variable EM benutzt, für B.e/m die Variable K. Für alle vier Berechnungsmöglichkeiten wird die gleiche Rechenschleife verwendet (700-780). Für die Berechnung ohne Halbschrittverfahren werden jedoch Beschleunigung und Geschwindigkeit jeweils nur einmal im Unterprogramm 1200 berechnet (mit Ausnahme des ersten Rechenschrittes, der in 1000 durchgeführt wird). Für das Halbschrittverfahren werden Geschwindigkeit und Beschleunigung im Unterprogramm 1000 zweimal in jedem Schleifendurchlauf berechnet. Dabei werden Geschwindigkeitskomponenten UX und UY für 1/4 des Zeitintervalls berechnet, die dann zur Berechnung der Beschleunigungskomponenten AX und AY zur Hälfte des Zeitintervalls verwendet werden. Die Konstante K1 ist im Falle relativistischer Berechnung der Korrekturterm für die Masse bzw. sein Kehrwert. Im Falle nichtrelativistischer Berechnung wird K1 gleich 1 gesetzt.
Die Zeichnung erfolgt im Unterprogramm 2000, wobei zunächst mit Hilfe des Skalenfaktors SK die Bildschirmkoordinaten XX und YY berechnet werden. Bei jedem fünften Schleifendurchgang wird die Geschwindigkeit in Prozenten der Lichtgeschwindigkeit angegeben. Sie sollte, bei geeigneten Rechenverfahren, konstant sein. Bei Erreichen des Zeichenrandes (Abfrage in 2010 und 2020) wird das Programm beendet.
Das Zeichenfeld wird im Unterprogramm 1500 festgelegt, wo auch die Angabe der Eingabedaten vorgenommen wird.

LISTE DER VERWENDETEN VARIABLEN

B	Stärke des Magnetfeldes
VO	Anfangsgeschwindigkeit
V	aktuelle Geschwindigkeit
U$	Beschriftung der Geschwindigkeit in % der Lichtgeschwindigkeit
VX, VY	Komponenten der Geschwindigkeit
UX, UY	Komponenten der Geschwindigkeit zu 1/4 des Zeitintervalls
AX, AY	Komponenten der Beschleunigung
T	Zeit
DD	Zeitschritt in Nanosekunden (Eingabe)
DT	Zeitschritt
X, Y	Koordinaten der Elektronen
XX, YY	Bildschirmkoordinaten
EM	Variable für e/m
K	Variable für B.e/m
K1	Korrekturterm für relativistische Berechnung
Z	Zählvariable
SK$	Wahl des Skalenfaktors
SK	Skalenfaktor
A	Wahl der Rechenart
R	Radius der Kreisbahn
T$,V$,R$	Beschriftung der Zeichnung: Magnetfeld, Geschw., Radius

```
5 REM    *********************
6 REM    *  LORENTZ - KRAFT  *
7 REM    *********************
8 :
9 :
10 HIRES 1,2:POKE 53280,5
20 TEXT 10,5,"BEWEGTE ELEKTRONEN",1,2,17
30 TEXT 50,30,"IM MAGNETFELD",1,2,17
40 REC 100,80,200,50,1
50 TEXT 107,65,"S    S    S    S",1,1,15
60 TEXT 107,138,"N    N    N    N",1,1,15
70 TEXT 197,102,"●",1,1,1
80 FOR I=112 TO 282 STEP 10
90 TEXT I,100,".",1,1,1
92 PRINT:PRINT:PRINT
100 NEXT I
110 TEXT 3,165,"NORMAL / HALBSCHRITTVERFAHREN",1,1,10
120 TEXT 3,185,"NICHT RELATIVISTISCH / RELATIVIST.",1,1,9
130 TEXT 10,5,"BEWEGTE ELEKTRONEN",1,2,17
140 PAUSE 1
150 TEXT 29,85,"MIT",1,1,10
160 TEXT 3,105,"'T A S T E'",1,1,7
170 TEXT 11,125,"WEITER !",1,1,9
180 GET A$:IF A$="" GOTO 180
190 CSET 0
195 :
196 REM ***            * * *
197 REM *** EINGABE/FADENSTRAHLROHR ***
198 REM ***            * * *
199 :
200 PRINT"⊐"
210 PRINT AT(3,10)" F A D E N S T R A H L R O H R":PRINT:PRINT
220 PRINT" TASTE ' F ' , SONST BELIEBIGE TASTE"
230 PRINT:PRINT
240 GET A$:IFA$="" THEN 240
250 IF A$<>"F" THEN 400
260 PRINT"⊐"
270 PRINT" F A D E N S T R A H L R O H R":PRINT:PRINT
280 INPUT" MAGNETFELD B (T)    0.001███████";B:PRINT
290 INPUT" GESCHWINDIGKEIT V0 (M/S)    8.4E6████████";VO:PRINT
300 INPUT" ZEITSCHRITT DT (NS)    1███";DD:PRINT
310 INPUT" KONSTANTER SKALENFAKTOR    N███";SK$
320 PRINT:PRINT
330 PRINT" ART DER DURCHFUEHRUNG :":PRINT
340 PRINT" NORMAL   NICHT RELATIVIST.    1"
350 PRINT" HALBSCHRITT   NICHT RELAT.    3":PRINT
360 INPUT" WELCHE ART (1, 3)    3████";A
370 IF A=2 OR A>3 THEN PRINT"⊐⊐":GOTO 360
380 GOTO 570
395 :
396 REM ***            * * *
397 REM *** EINGABE/SCHNELLE ELEKTR. ***
398 REM ***            * * *
399 :
400 PRINT"⊐":CLR
410 PRINT" S C H N E L L E   E L E K T R O N E N"
420 PRINT:PRINT:PRINT
430 INPUT" MAGNETFELD B (T)    0.5██████";B:PRINT
440 INPUT" GESCHWINDIGKEIT V0 (M/S)    2.99E8███████████";VO:PRINT
450 INPUT" ZEITSCHRITT DT (NS)    0.01███████";DD
460 PRINT
```

```
470 INPUT" KONSTANTER SKALENFAKTOR    N███";SK$
480 PRINT:PRINT
490 PRINT" ART DER DURCHFUEHRUNG  :"
500 PRINT
510 PRINT" NORMAL   NICHT RELATIVIST.    1"
520 PRINT" NORMAL   RELATIVISTISCH       2"
530 PRINT" HALBSCHRITT  NICHT RELAT.     3"
540 PRINT" HALBSCHRITT  RELATIVIST.      4":PRINT
550 INPUT" WELCHE ART (1,2,3,4)    4███";A
560 IF A>4 THEN PRINT"▢":GOTO 550
570 DT=DD*1E-9
580 EM=1.76E11:K=EM*B
590 VX=VO:VY=0:T=0:Z=4
600 V=SQR(VX*VX+VY*VY)
610 K1=1
620 IF A=2 OR A=4 THEN K1=SQR(1-((V/3E8)*(V/3E8)))
630 R=VO/(K*K1):SK=50/R
640 IF SK$<>"N" THEN SK=1000
650 GOSUB 1500
695 :
696 REM ***       * * *
697 REM *** RECHENSCHLEIFE ***
698 REM ***       * * *
699 :
700 GOSUB 1000
710 Z=Z+1
720 T=T+DT
730 X=X+VX*DT
740 Y=Y+VY*DT
750 GOSUB 2000
760 IF A=1 OR A=2 THEN GOSUB 1200:GOTO 710
770 GOSUB 1000
780 GOTO 700
995 :
996 REM ***                 * * *
997 REM *** BESCHL./GESCHW. OHNE HALBSCHRITT ***
998 REM ***                 * * *
999 :
1000 UX=VX+AX*DT/4
1010 UY=VY+AY*DT/4
1020 AX=K*UY*K1
1030 AY=-K*UX*K1
1040 VX=VX+AX*DT/2
1050 VY=VY+AY*DT/2
1060 V=SQR(VX*VX+VY*VY)
1070 K1=1
1080 IF A=2 OR A=4 THEN K1=SQR(1-((V/3E8)*(V/3E8)))
1090 RETURN
1195 :
1196 REM ***                 * * *
1197 REM *** BESCHL./GESCHW. MIT HALBSCHRITT ***
1198 REM ***                 * * *
1199 :
1200 AX=K*VY*K1
1210 AY=-K*VX*K1
1220 VX=VX+AX*DT
1230 VY=VY+AY*DT
1240 V=SQR(VX*VX+VY*VY)
1250 K1=1
1260 IF A=2 OR A=4 THEN K1=SQR(1-((V/3E8)*(V/3E8)))
1270 RETURN
```

```
1495 :
1496 REM ***   * * *
1497 REM ***   B I L D   ***
1498 REM ***   * * *
1499 :
1500 POKE 53280,2
1510 HIRES 1,2
1520 REC 120,0,200,199,1
1530 TEXT 220,125,"●",1,1,1
1540 T$="B ="+STR$(B)+" T"
1550 TEXT 5,25,T$,1,1,10
1560 V$=STR$(V0/1000)+"KM/S"
1570 TEXT 5,45,"V0 :",1,1,9
1580 TEXT 5,60,V$,1,1,10
1590 R=1000*R:R=INT(1000*R+0.5)/1000
1600 R$=STR$(R)+"MM"
1610 TEXT 5,80,"RADIUS :",1,1,12
1620 TEXT 5,95,R$,1,1,10
1630 TEXT 5,115,"GESCHW. :",1,2,11
1640 TEXT 5,140,"IN % VON C",1,1,10
1650 IF A=1 OR A=3 THEN TEXT 5,187,"NICHT REL.!",1,1,8
1660 IF A=2 OR A=4 THEN TEXT 5,187,"RELATIVIST. !",1,1,8
1670 IF A=1 OR A=2 THEN TEXT 125,187,"N",1,1,10
1680 IF A=3 OR A=4 THEN TEXT 125,187,"HS",1,1,10
1690 U$="A"
1700 RETURN
1995 :
1996 REM ***   * * *
1997 REM ***   GRAFIK   ***
1998 REM ***   * * *
1999 :
2000 XX=(SK*X)+220:YY=(SK*Y)+130
2010 IF XX<100 OR XX>320 GOTO 3000
2020 IF YY<0 OR YY>320 GOTO 3000
2030 IF Z<>5 THEN 2080
2040 V=V/3E8:V=INT(10000*V+0.5)/100:Z=0
2050 TEXT 15,160,U$,0,2,15
2060 TEXT 15,160,STR$(V),1,2,15
2070 U$=STR$(V)
2080 PLOT XX,YY,1
2090 RETURN
2995 :
2996 REM ***   * * *
2997 REM ***   E N D E   ***
2998 REM ***   * * *
2999 :
3000 TEXT 280,5,"ENDE",1,1,9
3010 PAUSE 1000
3020 END
```

B = .5 T
V0 :
 299000KM/S
RADIUS :
 41.648MM
GESCHW. :
IN % VON C
 99.73
RELATIVIST. !

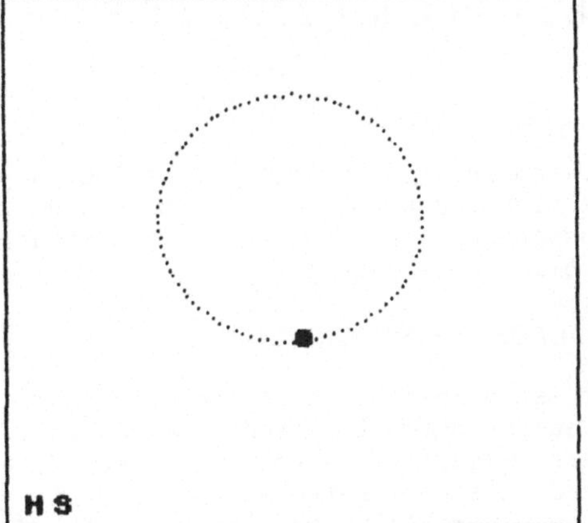

B = .5 T
V0 :
 299000KM/S
RADIUS :
 41.648MM
GESCHW. :
IN % VON C
 419.08
RELATIVIST. !

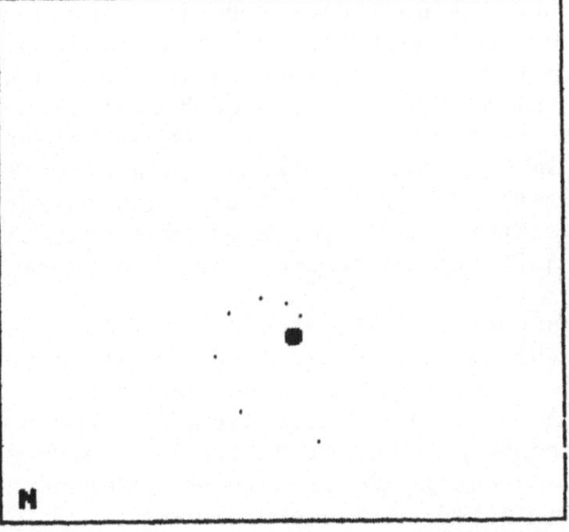

B = 1E-03 T
V0 :
 8400KM/S
RADIUS :
 47.727MM
GESCHW. :
IN % VON C
 2.81
NICHT REL.!

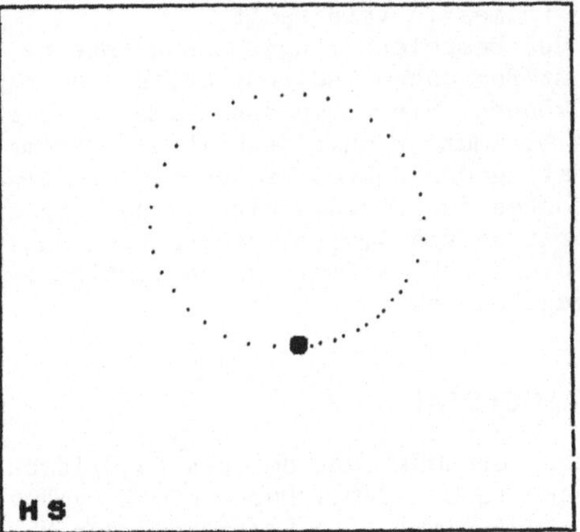

2 5. F R A N C K - H E R T Z - V E R S U C H 1

PROBLEMSTELLUNG

Das Verhalten von Elektronen in einer mit Quecksilberdampf gefüllten Glasröhre mit entsprechenden Elektroden soll simuliert werden. Der Zusammenhang zwischen Beschleunigungsspannung, Gegenspannung, Temperatur und Stärke des Auffängerstromes wird am Bildschirm gezeigt.

PHYSIKALISCHE GRUNDLAGEN - PROGRAMMAUFBAU

Das Franck-Hertz-Rohr ist eine mit Quecksilberdampf gefüllte Elektronenröhre mit ebenen, parallel angeordneten Elektroden: einer indirekt geheizten Oxidkathode, einer gitterförmigen Beschleunigungselektrode und einer Auffängerelektrode. Der Abstand zwischen Kathode und Gitter ist groß gegenüber der mittleren freien Weglänge der Elektronen im Quecksilberdampf bei Betriebstemperatur, damit eine möglichst hohe Stoßwahrscheinlichkeit erzielt wird. Bei 180 Grad Celsius wird ein Quecksilberdampf von ca. 20 mbar erreicht. Der Abstand zwischen Gitter und Auffängerelektrode ist jedoch klein.
Die von der Glühkathode kommenden Elektronen erleiden auf ihrem Weg zum Gitter Stöße an den Atomen des Quecksilberdampfes. Bei hinreichend kleiner Beschleunigungsspannung sind die Stöße jedoch elastisch und bewirken daher keinen Energieverlust. Nach dem Durchlaufen einer Potentialdifferenz U besitzen die Elektronen beim Eintreffen am Gitter die kinetische Energie e.U. Ein Teil der Elektronen fliegt durch das Gitter hindurch zur Auffängerelektrode. Besitzt diese ein gegenüber dem Gitter negatives Potential -Ug, so können nur die Elektronen die Auffängerelektrode erreichen, deren Energie mindestens e.Ug beträgt.
Wird die Beschleunigungsspannung U stetig von Null an erhöht, so steigt zunächst der von der Kathode zum Gitter fließende Strom und ab U = Ug auch der Auffängerstrom Ia. Bei einer Beschleunigungsspannung von U = 4,9 Volt kommt es erstmals auch zu unelastischen Stößen von Elektronen an Quecksilberatomen, wobei von den Elektronen der Energiebetrag Ea = e.Ua abgegeben wird. Dies entspricht genau der Anregungsenergie des Hg - Resonanzniveaus. Die am Stoß beteiligten Elektronen haben aber beim Eintreffen am Gitter nur mehr die Energie E = e.U - Ea. Liegt die Spannung U nur knapp über 4,9 Volt, so können diese Elektronen nicht zur Auffängerelektrode gelangen, was ein plötzliches Absinken des Auffängerstromes Ia verursacht.
Bei weiterer Erhöhung der Beschleunigungsspannung steigt die Energie der Elektronen, die einmal gestoßen haben, so weit an, daß auch diese Elektronen das Gegenfeld durchlaufen können. Sie haben dann eine Energie E = e.U-Ea = e.Ug.
Nach Passieren eines Minimums wächst deshalb die Stromstärke wieder, wobei auch der allgemeine Anstieg des Röhrenstromes bei steigender Spannung mit eingeht. Bei weiterem Erhöhen der Beschleunigungsspannung ergibt sich ein zweites Strommaximum im Abstand von 4,9 Volt vom ersten Maximum. Dies wird durch Elektronen bewirkt, die durch zweimaligen unelastischen Stoß insgesamt eine Energie von 9,8 eV abgegeben haben.

HINWEISE ZUR PROGRAMMGESTALTUNG

Nach der Erklärung des Versuches auf der ersten Bildschirmseite (20 - 230) folgt der Eingabeblock (300 - 370). Durch die Eingabe der Stoßwahrscheinlichkeit Z (360) wird der simulierte Dampfdruck der Hg - Atome im Rohr und damit die Temperatur festgelegt. Als günstiges Zeitintervall für die Berechnung des Bewegungsablaufes empfiehlt sich ein Wert von 5 Mikrosekunden.

Der prinzipielle Aufbau des Franck-Hertz-Rohres wird in 500 - 630 gezeichnet.
Die von der Kathode emittierten Elektronen werden durch die Beschleunigungsspannung UB zur Gitterelektrode (510 - 530) bewegt. Die Bewegung wird akustisch untermalt (2000 - 2040). Es handelt sich um eine beschleunigte Bewegung. In der Rechenschleife 700 bis 760 werden Beschleunigung, Geschwindigkeit und Ort der Elektronen berechnet. Die Zusammenstöße zwischen Elektronen
und Hg-Atomen sind vorläufig elastisch, ihre Ablenkung erfolgt über die RND -
Funktion gesteuert (800) am Bildschirm sowohl nach oben als auch nach unten.
Übersteigt die Energie der Elektronen die Anregungsenergie von 4,9 eV (430),
so wird diese beim nächsten Stoß abgegeben (810). Die Ionisation wird durch
das Zeichen "*" grafisch dargestellt und durch ein dreifaches akustisches
Signal angezeigt (1500 - 1590). Nach unten abgelenkt (810) bewegt sich das
Elektron nun wieder vorläufig langsamer (engere Bewegungsspur) weiter.
Treten die Elektronen in das Gegenfeld (750), so werden sie durch die Gegenspannung UG (330) abgebremst (900 - 1010). Der Begleitton ist tiefer (900)
als der bei der beschleunigten Bewegung (700).
Gelangen die Elektronen auf die Auffängerelektrode, so wird dies durch ein
deutliches Geräusch (1300 - 1440) und dann durch ein Grafikzeichen (1200) angezeigt. Die auftreffenden Elektronen werden gezählt (960) und als Auffängerstrom ausgewiesen (1220).
Reicht die Energie der Elektronen nicht aus, um die Auffängerelektrode zu erreichen, so werden sie wieder zur Gitterelektrode beschleunigt zurückbewegt
und am Bildschirm etwas nach unten versetzt (940). Ein neues Elektron beginnt, deutlich nach unten versetzt (980) seine Bewegung.

LISTE DER VERWENDETEN VARIABLEN

UB	Beschleunigungsspannung
UG	Gegenspannung
Z	Stoßwahrscheinlichkeit
D	Zeitschritt
S	spezifische Ladung des Elektrons
K	Konstante zur Feldstärkeberechnung
A	Beschleunigung
C	Variable zur Berechnung der Anregungsenergie
VK	kritische Spannung für die Anregung des Hg-Atoms
X, Y	Koordinaten des Elektrons
B	Verzögerung im Gegenfeld
I	Zählvariable für die Zeichnung der Gitterelektrode
I$, J$	Tonstrings
K$, M$	Tonstrings
V	Geschwindigkeit des Elektrons
M, L, A	Zählvariable
KK, XX	Zählvariable
J	Auffängerstrom
JA	alter Wert des Auffängerstroms

```
5 REM    ****************************
6 REM    *  FRANCK-HERTZ-VERSUCH 1  *
7 REM    ****************************
8 :
9 :
10 PRINT"⊐"
20 POKE 53280,1:POKE 53281,1
30 PRINT"          ┌───────────────────────┐"
40 PRINT"          | ELEKTRONENSTOSSVERSUCH VON |"
50 PRINT"          |                       |"
60 PRINT"          |    ** FRANCK - HERTZ **    |"
70 PRINT"          └───────────────────────┘"
80 PRINT
90 PRINT"ELEKTRONEN WERDEN VON DER KATHODE K"
100 PRINT
105 POKE 53280,1:POKE 53281,1
110 PRINT"ZUR GITTER-ANODE G MIT UB BESCHLEUNIGT."
120 PRINT
130 PRINT"DANN LAUFEN SIE GEGEN AUFFAENGER A AN"
140 PRINT
150 PRINT"-WENN SIE NOCH GENUEGEND ENERGIE HABEN."
160 PRINT:PRINT
170 PRINT"DENN UNTERWEGS STOSSEN SIE AUF HG-ATOME"
180 PRINT
190 PRINT"UND VERLIEREN 4,9 EV AN ENERGIE, WENN"
200 PRINT
210 PRINT"SIE DIESE ANREGEN KOENNEN. ANDERNFALLS"
220 PRINT
230 PRINT"ERFOLGT DER STOSS VOELLIG ELASTISCH.":PRINT
240 PRINT"              * * *        --> 'RETURN'"
250 PAUSE 100
260 PRINT"⊐":POKE 53280,6
295 :
296 REM *** * * *
297 REM *** EINGABE ***
298 REM *** * * *
299 :
300 PRINT:PRINT" E I N G A B E N :"
310 PRINT" ██████████████████":PRINT
320 INPUT" BESCHLEUNIGUNGSSPANNUNG UB    6███";UB:PRINT
330 INPUT" BREMSSPANNUNG UG    2███";UG:PRINT
340 PRINT" DER STOSSZUFALL HAENGT VOM DAMPFDRUCK"
350 PRINT" (DER TEMPERATUR) IN DER ROEHRE AB":PRINT
360 INPUT" STOSS-ZUFALL (.1-.5)    .1████";Z:PRINT
370 INPUT" ZEITSCHRITT    5E-6██████";D
395 :
396 REM    *** * * *
397 REM    *** KONSTANTEN ***
398 REM    *** * * *
399 :
400 S=1.76E11
410 K=S/280
420 A=K*UB
430 C=2*S*4.9
440 VK=SQR(C)
450 B=S/40*UG
460 X=1:Y=10
470 I$="⊐1A8I██G":REM * IONISATION
480 J$="⊐1C7I██G":REM * IONISATION
490 K$="⊐1A7I██G":REM * IONISATION
495 :
```

```
496 REM    *** * * *
497 REM    *** GRAFIK ***
498 REM    *** * * *
499 :
500 HIRES 1,0:POKE 53280,0
510 FOR I=0 TO 200 STEP 10
520 PLOT 280,I,1
530 NEXT
540 LINE 0,0,1,200,1
550 LINE 320,0,320,200,1
560 TEXT 4,0,"-",1,1,4
570 TEXT 5,190,"K",1,1,1
580 TEXT 285,190,"G",1,1,1
590 TEXT 309,0,"-",1,1,4
600 TEXT 308,190,"A",1,1,1
610 TEXT 284,0,"+",1,1,1
620 TEXT 30,190,"AUFFAENGERSTROM I A =",1,1,10
630 TEXT 243,190,"0",1,1,10
695 :
696 REM ***           * * *
697 REM *** BEWEGUNG EINES ELEKTRONS ***
698 REM ***           * * *
699 :
700 M$="1A5G":VOL 7:GOSUB 2000
710 PLOT X,Y,1
720 V=V+A*D:M=INT(V/1E5)+1
730 X=X+V*D
740 IF RND(1)>1-Z THEN GOSUB 800
750 IF X>280 GOTO 900
760 GOTO 700
795 :
796 REM ***             * * *
797 REM *** STREUUNG UND ENERGIE-ABGABE ***
798 REM ***             * * *
799 :
800 Y=Y+(.5-RND(1))*2
810 IF V>VK   THEN V=SQR(V*V-C):GOSUB 1500:Y=Y+3
820 RETURN
895 :
896 REM ***            * * *
897 REM *** ABBREMSUNG IM GEGENFELD ***
898 REM ***            * * *
899 :
900 M$="1C5G":VOL 7:GOSUB 2000
910 PLOT X,Y,1
920 V=V-B*D:M=ABS(INT(V/1E5)+1)
930 X=X+V*D
940 IF V<0 THEN L=L+1:IF L=1 THEN Y=Y+3
950 IF X<280 THEN PAUSE 1:GOTO 980
960 IF X>318 THEN J=J+1:GOSUB 1200:Y=Y+8:X=1:V=0:L=0:JA=J:GOTO 700
970 GOTO 900
980 Y=Y+8:X=1
990 IF Y>180   THEN GOTO 1020
1000 V=0:L=0
1010 GOTO 700
1020 PAUSE 1000
1195 :
1196 REM ***         * * *
1197 REM *** AUFTREFFEN AUF A ***
1198 REM ***         * * *
1199 :
1200 TEXT 312,Y-4,"o",1,1,1
1210 TEXT 233,190,STR$(JA),0,1,10
1220 TEXT 233,190,STR$(J),1,1,10
1295 :
```

```
1296 REM ***         * * *
1297 REM *** AUFTREFFGERAEUSCH ***
1298 REM ***         * * *
1299 :
1300 SS=54272
1310 POKE SS+24,15
1320 VOL 15
1330 POKE SS+6,240
1340 VOL5
1350 POKE SS+4,17
1360 FOR AA=1 TO 10
1370 FOR KK=1 TO 255 STEP 25
1380 POKE SS+1,KK
1390 NEXT KK
1400 NEXT AA
1410 POKE SS+4,32
1420 FOR XX=1 TO 24:POKE 54272+XX,0:NEXT
1430 IF Y>180  THEN GOTO 1020
1440 RETURN
1495 :
1496 REM ***         * * *
1497 REM *** TON/IONISATION ***
1498 REM ***         * * *
1499 :
1500 WAVE 1,00010000
1510 ENVELOPE 1,4,2,12,4:VOL 15
1520 MUSIC 2,I$
1530 TEXT X-3,Y-3,"*",1,1,1
1540 PLAY 1
1550 MUSIC 2,J$
1560 PLAY 1
1570 MUSIC 2,K$
1580 PLAY 1:VOL 7
1590 RETURN
1597 :
1599 :
1995 :
1996 REM ***         * * *
1997 REM *** TON/BEWEGUNG IM FELD ***
1998 REM ***         * * *
1999 :
2000 WAVE 1,00010000
2010 ENVELOPE 1,4,2,12,4
2020 MUSIC 3,M$
2030 PLAY 2
2040 RETURN
```

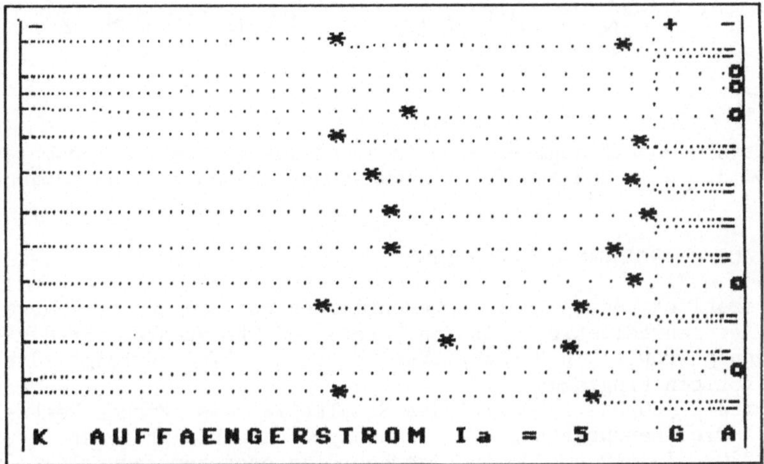
K   AUFFAENGERSTROM Ia = 5   G A

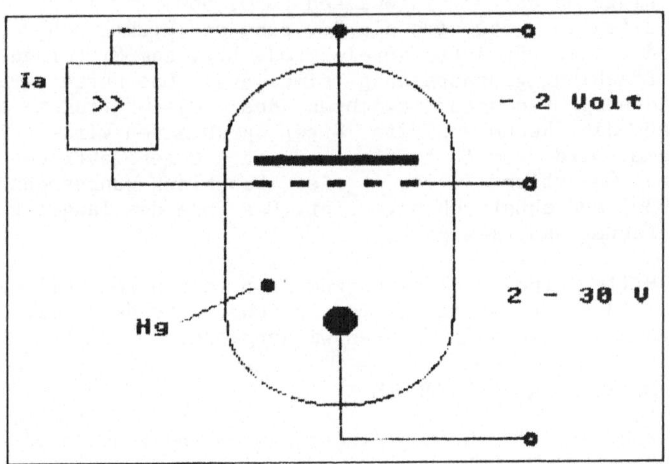
Ia
>>
- 2 Volt
2 - 30 V
Hg

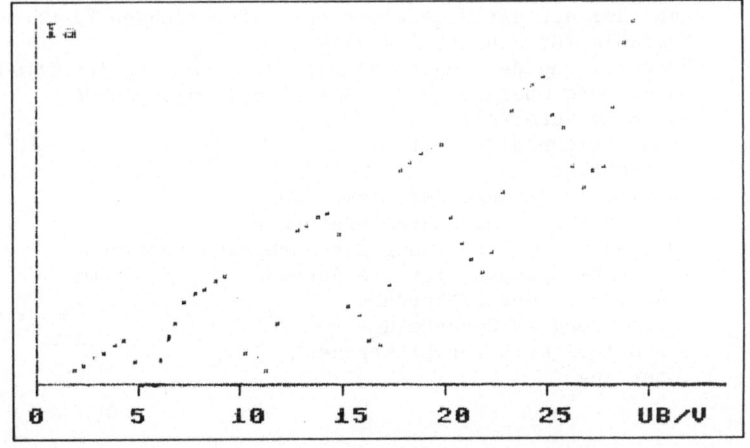
Ia
0   5   10   15   20   25   UB/V

2 6. F R A N C K - H E R T Z - V E R S U C H 2

PROBLEMSTELLUNG

Das Verhalten des Auffängerstromes in Abhängigkeit von der Beschleunigungsspannung wird für stufenweise anwachsende Beschleunigungsspannung dargestellt.

HINWEISE ZUR PROGRAMMGESTALTUNG

Der Programmablauf entspricht in wesentlichen Punkten dem des vorigen Programms. Außer den beliebig wählbaren Unter- und Obergrenzen für die Beschleunigungsspannung sowie ihre Schrittweite (220 - 270) erfolgt die Eingabe
analog zum vorigen Programm.
Im Programmteil 2000 - 2500 wird das Schaltbild des Franck-Hertz-Versuches
gezeichnet. Die Beschriftung der Spannungswerte erfolgt gemäß der Eingabe
(2200 - 2230). In 410 - 520 wird das Koordinatensystem festgelegt und nach
einem akustischen Signal (3000 - 3040) auf die lange Rechenzeit (ca.1 Stunde
für die vorgeschlagenen Werte) hingewiesen (550, 560).
Durch die Schleife 710 - 860 wird die Bewegung der Elektronen von der Kathode
zum Gitter und weiter zur Auffängerelektrode bzw. zum Gitter zurück für die
entsprechende Beschleunigungsspannung simuliert. Das durch zunehmende Beschleunigungsspannung bedingte Anwachsen des Gesamtstromes wird dadurch
realisiert, daß die Rechenschleife öfter durchlaufen wird (710). Wie im
vorigen Programm wird das Auftreffen auf der Gegenelektrode festgehalten
(830) und die Gesamtsumme für jede Beschleunigungsspannung grafisch
aufgetragen (930) und akustisch angezeigt. Das Ende des langen Programmlaufes
bildet ein dreifaches Akustiksignal.

Hinweis: Mit Hilfe eines Programmes zum Abspeichern des Bildes läßt sich
dieses relativ lange Programm einmal speichern und dann mit Hilfe eines
Wiedergabeprogrammes in wenigen Minuten wiedergeben.

LISTE DER VERWENDETEN VARIABLEN

I	Zählvariable für Koordinatensystem und Schaltbild
A	Flag für Löschbefehl
A	Beschleunigung
N	Zählvariable für Hauptschleife
M	Zahl der auf der Gegenelektrode auftreffenden Elektronen
A,B,C,D	Variable für Schaltbildgrafik
U$, UU$	Beschriftung der Gegenspannung, des Spannungsintervalls
U1, U2	Unter- und Obergrenze der Beschleunigungsspannung
UD	Spannungsintervall
Z	Stoßwahrscheinlichkeit
D	Zeitschritt
S	spezifische Ladung der Elektronen
K	Konstante zur Feldstärkeberechnung
C	Konstante zur Berechnung der Anregungsenergie
VK	kritische Spannung für die Anregung des Hg-Atoms
X, Y	Koordinaten der Elektronen
B	Verzögerung im Gegenfeld
V	Geschwindigkeit der Elektronen
M$	Tonstring

```
5 REM   ****************************
6 REM   *  FRANCK-HERTZ-VERSUCH 2  *
7 REM   ****************************
8 :
9 :
10 PRINT"□"
20 PRINT"    ┌──────────────────────────────┐"
30 PRINT"    │  ELEKTRONENSTOSSVERSUCH VON   │"
40 PRINT"    │                               │"
50 PRINT"    │ F R A N C K  U N D  H E R T Z │"
60 PRINT"    └──────────────────────────────┘"
70 PRINT:PRINT
100 PRINT" DIE BESCHLEUNIGUNGSSPANNUNG WIRD VON":PRINT
110 PRINT" UB 1 BIS UB 2 (MAX.30 V) STUFEN-":PRINT
120 PRINT" WEISE ERHOEHT UND DER AUFFAENGER-":PRINT
130 PRINT" STROM IA ERMITTELT.":PRINT
140 PRINT" DAS SPANNUNGSINTERVALL IST WAEHLBAR.":PRINT
150 PRINT" DIE STOSSWAHRSCHEINLICHKEIT ENTSPRICHT":PRINT
160 PRINT" DER TEMPERATUR DES HG-DAMPFES.":PRINT:PRINT
170 PRINT"                 -->  ' R E T U R N '"
180 PAUSE 20
195 :
196 REM ***    * * *
197 REM ***  EINGABEN  ***
198 REM ***    * * *
199 :
200 PRINT"□":PRINT
210 PRINT" EINGABEN :"
220 PRINT" ──────────":PRINT
230 INPUT" BESCHL.SPG. UNTERGRENZE UB 1 :    2███";U1
240 PRINT
250 INPUT" BESCHL.SPG. OBERGRENZE  UB 2 :    30████";U2
260 PRINT
270 INPUT" SPANNUNGSINTERVALL UD :    0.5██████";UD
280 PRINT
290 INPUT" GEGENSPANNUNG UG :    -2███";UG
300 PRINT
310 INPUT" STOSSZUFALL (.1-.5) :    0.2██████";Z
320 PRINT
330 INPUT" ZEITSCHRITT DT :    1E-5███████";DT
340 GOSUB 2000:PAUSE 100
395 :
396 REM ***        * * *
397 REM *** KOORDINATENSYSTEM ***
398 REM ***        * * *
399 :
400 A=0
410 POKE 53280,0:HIRES 1,0
420 LINE 15,180,320,180,1
430 LINE 15,180,15,0,1
440 FOR I=15 TO 285 STEP45
450 LINE I,180,I,185,1
460 A$=STR$(A)
470 IF I=285 THEN 490
480 TEXT I-12,192,A$,1,1,8
490 A=A+5
500 NEXT
510 TEXT 280,192,"UB/V",1,1,8
520 TEXT 18,11,"I█A",1,1,8
530 M$="□1A5I██G":VOL 3
540 GOSUB 3000
```

```
550 TEXT 30,50,"*   BITTE UM GEDULD   *",1,2,14
560 TEXT 30,80,"LANGE RECHENZEITEN   !",1,2,14
595 :
596 REM ***     * * *
597 REM *** KONSTANTEN ***
598 REM ***     * * *
599 :
600 S=1.76E11
610 K=S/280:KG=S/40
620 B=KG*UG
630 C=2*4.9*S
640 VK=SQR(C)
650 Y=0:X=10:M=0
695 :
696 REM ***           * * *
697 REM *** BEWEGUNG EINES ELEKTRONS ***
698 REM ***           * * *
699 :
700 UB=U1
710 FOR N=1 TO 3*UB
720 A=K*UB
730 V=V+A*DT:Y=Y+V*DT
740 IF RND(1)>1-Z AND V>VK THEN V=SQR(V*V-C)
750 IF Y>280 GOTO 800
760 GOTO 730
795 :
796 REM ***           * * *
797 REM *** ABBREMSUNG IM GEGENFELD ***
798 REM ***           * * *
799 :
800 V=V-B*DT
810 Y=Y+V*DT
820 IF Y<280 GOTO 850
830 IF Y>320 THEN M=M+1:V=0:Y=0:GOTO 860
840 GOTO 800
850 Y=0:V=0
860 NEXT N
895 :
896 REM ***     * * *
897 REM *** PUNKTDRUCK ***
898 REM ***     * * *
899 :
900 GOSUB 3000
910 IF AA=0 THEN TEXT 30,50,"*   BITTE UM GEDULD   *",0,2,14
920 IF AA=0 THEN TEXT 30,80,"LANGE RECHENZEITEN   !",0,2,14:AA=1
930 TEXT 9*UB+10,180-2*M,".",1,1,8
940 M=0:UB=UB+UD
950 IF UB>U2 GOTO 1000
960 GOTO 710
995 :
996 REM ***     * * *
997 REM ***   E N D E   ***
998 REM ***     * * *
999 :
1000 FOR I=1 TO 3
1010 GOSUB 3000
1020 NEXT
1030 PAUSE 1000
1040 END
1050 :
1995 :
```

```
1996 REM ***      * * *
1997 REM *** GRAFIK ROEHRE ***
1998 REM ***      * * *
1999 :
2000 HIRES 0,1:POKE 53280,1
2010 ARC 160,60,270,90,1,50,40,1
2020 ARC 160,140,90,270,1,50,40,1
2030 TEXT 123,60,"▬▬▬▬▬▬",1,1,8
2040 TEXT 123,75,"▀ ▀ ▀ ▀ ▀",1,1,8
2050 CIRCLE 160,140,1.15*7,7,1
2060 PAINT 160,140,1
2070 TEXT 125,120,"●",1,1,1
2080 FOR I= 1 TO 11
2090 READ A,B,C,D
2100 LINE A,B,C,D,1
2110 NEXT
2120 REC 40,20,40,40,1
2130 TEXT 157,2,"●",1,1,1
2140 TEXT 51,36,">>",1,1,8
2150 TEXT 70,139,"HEIZG",1,1,8
2160 TEXT 240,2,"o",1,1,1
2170 TEXT 240,73,"o",1,1,1
2180 TEXT 240,192,"o",1,1,1
2190 TEXT 18,25,"IBA",1,1,6
2200 U$="-"+STR$(UG)+" VBOLT"
2210 TEXT 230,35,U$,1,1,8
2220 UU$=STR$(U1)+" -"+STR$(U2)+" V"
2230 TEXT 225,125,UU$,1,1,8
2240 FOR I = 1 TO 10
2250 TEXT 250,193,"´RETURN´",0,1,9:PAUSE1
2260 TEXT 250,193,"´RETURN´",1,1,9:PAUSE1
2270 NEXT
2400 DATA 160,62,160,5,60,5,240,5,110,60,110,140,210,60,210,140
2410 DATA 160,140,160,195,160,195,240,195,196,76,240,76,60,76,123,76
2420 DATA 60,5,60,20,60,60,60,76,122,125,90,140
2500 RETURN
2995 :
2996 REM ***      * * *
2997 REM ***   T O N   ***
2998 REM ***      * * *
2999 :
3000 WAVE 1,00010000
3010 ENVELOPE 1,4,2,12,4
3020 MUSIC 3,M$
3030 PLAY 1
3040 RETURN
```

27. DIODE

PROBLEMSTELLUNG

Das Verhalten einer Halbleiterdiode soll gezeigt werden. Es soll der Zusammenhang zwischen Spannung, Stromstärke und Widerstand grafisch veranschaulicht werden. Die Potentialgefällekurve soll als veränderliche Größe erkannt werden.

PHYSIKALISCHE GRUNDLAGEN - PROGRAMMAUFBAU

Die Diode ist ein Halbleiterbauelement mit veränderlichem Widerstand. Die komplizierten realen Zusammenhänge werden durch einfache Algorithmen angenähert. Es wird eine Schaltung aus einer Diode und einem ohmschen Widerstand in Serie angenommen.
An die Schaltung wird eine veränderliche Gleichspannung angelegt. Ist die Gleichspannung positiv und größer als 0.7 Volt, so beträgt der fließende Strom die Gesamtspannung minus 0.7 Volt, also die Restspannung am ohmschen Widerstand, dividiert durch den ohmschen Widerstand. Ist die Spannung kleiner als 0.7 Volt, fließt kein Strom.
Ist die Spannung jedoch so stark negativ, daß die Diode durchbricht, hat die Diode fast keinen Widerstand mehr; die Stromstärke ergibt sich aus der Gesamtspannung dividiert durch den ohmschen Widerstand. Der Vorgang des Durchbrechens ist irreversibel, ist die Diode einmal durchgebrochen, bleibt ihr Widerstand null. Eine andere Begrenzung der Belastbarkeit der Diode ist die Leistung. Die Verlustleistung der Diode ist, da der Spannungsabfall stets etwa 0.7 Volt beträgt, von der Stromstärke abhängig. Ein realer Wert für die maximale Stromstärke, die eine Diode aushält, ist z.B. 30 mA. Wird dieser Wert überschritten, erwärmt sich die Diode so stark, daß zwischen Anode und Kathode kein leitender Kontakt mehr besteht; die Diode ist abgebrannt, ihr Widerstand ist unendlich, es fließt kein Strom mehr. Auch dieser Vorgang ist irreversibel. Die für die Potentialkurve notwendige Spannung an der Stelle zwischen Diode und Widerstand erhält man am einfachsten, indem man die erhaltene Stromstärke mit dem Wert des ohmschen Widerstandes multipliziert.

HINWEISE ZUR PROGRAMMGESTALTUNG

Ab 100 wird die Bildschirmeinteilung vorgenommen. Ab 300 werden die Bauteile definiert. Ab 400 werden Startwerte für Schleifen des Programmes festgelegt und Flags gesetzt. Die Einleitung ab 5000 bildet zugleich das Help-Menü. Der Schaltplan wird ab 7000 mit einfachen Grafikbefehlen entworfen. Es werden die ab 100 festgelegten Werte für linken Rand, rechten Rand und die Horizontalkoordinaten der Diode und des Widerstandes verwendet. Dieselben Variablen werden auch zum Zeichnen der Potentialkurve ab 15000 herangezogen. Eine einmalige Änderung am Anfang ergibt also eine korrekte Änderung der Proportionen in der gesamten Grafik. Für die Skala wird die Schrittweite der Beschriftung in Abhängigkeit vom gewählten Maßstab berechnet.
Das Hauptprogramm ist die Tastaturabfrage ab 10000. Wird eine der möglichen Tasten gedrückt, so wird das Unterprogramm aufgerufen, das die entsprechende Aufgabe ausführt. Einfache Aufgaben werden gleich in der IF-THEN-Zeile erledigt. Eine Spannungsänderung wird ab 11000 durchgeführt; liegt der neue Wert außerhalb des Grafikbereiches, wird die Änderung rüchgängig gemacht; ist der Wert erlaubt, wird die Stromstärke zu dieser neuen Spannung ab 12000 berechnet. Die Überprüfung auf Grenzwertüberschreitung wird ebenfalls in diesem Abschnitt vorgenommen.

Das Unterprogramm ab 15000 zeichnet die Potentialkurve nach den sich aus der Rechnung ergebenden Werten für Spannung und Strom. Die horizontale und vertikale Plazierung hängt ebenso wie die des Schaltplanes und der Skala von den ab 100 vereinbarten Werten ab. Die Potentialkurve wird jeweils nach einer Änderung eingezeichnet (12060, 11030, 11130) und vor einer Änderung gelöscht (11000). Es wird dabei die Farbe "invertieren" verwendet, da bei zweimaliger Anwendung die Teile der Grafik, die von der Kurve verdeckt werden, wiederhergestellt werden.
Die Effekte ab 16000 sind optische Signale. Da die Skalierroutine nichts einträgt, wenn die Skala weniger als 1 Volt lang ist, und nicht in einen Maßstab umgeschaltet werden kann, in dem die Kurve aus dem Rahmen ragt, sind die Unterprogramme ab 17000 notwendig. Die Help-Routine schaltet auf die Textseite um, wo noch die Erklärungen vom Menü stehen. Es wird auf ein 'RETURN' gewartet (18010). Da sie oft benötigt wird, ist die lineare Transformation von der Spannung in die vertikale Bildschirmkoordinate in einem Unterprogramm ab 19000 untergebracht.

LISTE DER VERWENDETEN VARIABLEN

LR, RR	linker, rechter Rand
WL, WR	Widerstand links, rechts
DI	Diode
RO, RU	Rand oben, unten
UU	Ursprung der Spannung in der Grafik
UD	Durchlaßspannung der Diode
FA	Farbe
UB	Durchbruchspannung
IA	maximaler Strom
R	ohmscher Widerstand
SP	anliegende Spannung
I	Strom
BF	Durchbrennflag
CF	Durchbrechflag
SU	Schrittweite der Spannung
MU	Maßstab der Spannung
U	Hilfsspannung
V, V1	Vertikalkoordinaten
DA	Hilfsvariable beim Zeichnen der Diode
SA	Hilfsvariable beim Zeichnen der Skala
T1$, T2$	Anzeigestrings
G$, GE$	Tastaturabfragestrings

```
45 REM ***********
50 REM *  DIODE  *
55 REM ***********
94 :
95 :
96 REM ***      * * *
97 REM *** KONSTANTEN ***
98 REM ***      * * *
99 :
100 LR=30
110 RR=310
120 WL=180
130 WR=260
140 DI=110
150 RO=65
160 RU=188
170 UU=(RO+RU)/2
180 UD=0.7
190 FA=2
200 T1$="ES FLIESZEN "
210 T2$="I AMPERE"
295 :
296 REM ***            * * *
297 REM *** GRENZDATEN EINER AA116 ***
298 REM ***            * * *
299 :
300 UB=-20
310 IA=0.03
345 :
346 REM ***      * * *
347 REM *** WIDERSTANDSWERT ***
348 REM ***      * * *
349 :
350 R=1000
395 :
396 REM ***     * * *
397 REM *** STARTWERTE ***
398 REM ***     * * *
399 :
400 SP=0
410 I=0
420 BF=0
430 CF=0
440 SU=10
4995 :
4996 REM ***  * * *
4997 REM ***  MENUE  ***
4998 REM ***  * * *
4999 :
5000 CSET0
5010 PRINT""
5100 PRINT"        ________________________________        "
5105 PRINT"       |                                |       "
5110 PRINT"       | POTENTIALGEFAELLE IN EINER     |       "
5115 PRINT"       |                                |       "
5120 PRINT"       |    SCHALTUNG MIT DIODE         |       "
5125 PRINT"       |                                |       "
5130 PRINT"       |________________________________|       "
5200 PRINT:PRINT
5210 INPUT" MASZSTAB FUER DIE SPANNUNG   20    ";MU
5220 U=SP: GOSUB 19000
```

```
5300 PRINT:PRINT:PRINT
5310 PRINT"                                              "
5320 PRINT" |TASTE: |        |WIRKUNG: |                 "
5330 PRINT"                                              "
5340 PRINT
5350 PRINT" +,-            SPANNUNG GROESZER, KLEINER"
5360 PRINT:PRINT
5370 PRINT" G,K            GROSZER, KLEINER SCHRITT   "
5380 PRINT:PRINT
5390 PRINT" M             NEUER MASZSTAB              "
5400 PRINT:PRINT
5410 PRINT" H             HELP                        "
5500 PRINT:PRINT:PRINT:PRINT"          RETURN DRUECKEN  -> DIAGRAMM"
5600 GET G$:IF G$<>CHR$(13) THEN 5600
6995 :
6996 REM ***     * * *
6997 REM *** SCHALTPLAN ***
6998 REM ***     * * *
6999 :
7000 HIRES 1,0
7100 LINE LR,30,WL,30,1
7110 LINE WR,30,RR,30,1
7120 REC WL,16,WR-WL,28,1
7130 LINE DI,16,DI,44,1
7140 DA=DI-26
7150 LINE DA,16,DA,44,1
7160 LINE DA,16,DI,30,1
7170 LINE DA,44,DI,30,1
7180 TEXT WL,23,STR$(R)+"▒ O▒HM",1,2,8
7190 IF BF=1 THEN TEXT DI-66,3,"▒DURCHGEBRANNT !",1,1,8: GOTO 7300
7200 IF CF=1 THEN TEXT DI-70,3,"▒DURCHGEBROCHEN !",1,1,8
7295 :
7296 REM ***    * * *
7297 REM ***   SKALA   ***
7298 REM ***    * * *
7299 :
7300 SB=1+INT(14/MU)
7310 LINE LR-1,RO,LR-1,RU,1
7320 U=-SB
7330 U=U+SB: GOSUB 19000
7340 IF V<RO THEN 7400
7350 LINE LR-1,V,LR-3,V,1
7360 TEXT 4,V-4,"▒"+STR$(U),1,1,7
7370 GOTO 7330
7400 U=0
7410 U=U-SB: GOSUB 19000
7420 IF V>RU THEN 7500
7430 LINE LR-1,V,LR-3,V,1
7440 TEXT 4,V-4,"▒"+STR$(U),1,1,7
7450 GOTO 7410
7500 TEXT 2,RO-14,"▒S▒PANNUNG",1,1,7
7510 TEXT LR,RU+2,T1$+STR$(I)+T2$,2,1,8
8000 GOSUB 15000
9995 :
9996 REM ***       * * *
9997 REM *** TASTATURABFRAGE ***
9998 REM ***       * * *
9999 :
```

```
10000 GET G$
10010 IF G$="+" THEN GOSUB 11000
10020 IF G$="-" THEN GOSUB 11100
10030 IF G$="G" THEN SU=10
10040 IF G$="K" THEN SU=1
10050 IF G$="M" THEN CSET0: GOTO 5200
10060 IF G$="H" THEN GOSUB 18000
10100 GOTO 10000
10995 :
10996 REM ***          * * *
10997 REM *** SPANNUNG AENDEREN ***
10998 REM ***          * * *
10999 :
11000 GOSUB 15000
11010 SP=SP+SU/MU
11020 U=SP: GOSUB 19000
11030 IF V<RO OR V>RU THEN SP=SP-SU/MU: GOTO 15000
11040 GOTO 11500
11100 GOSUB 15000
11110 SP=SP-SU/MU
11120 U=SP: GOSUB 19000
11130 IF V<RO OR V>RU THEN SP=SP+SU/MU: GOTO 15000
11500 TEXT LR,RU+2,T1$+STR$(I)+T2$,2,1,8
11995 :
11996 REM ***               * * *
11997 REM *** BERECHNUNGEN ZU NEUER SPANNUNG ***
11998 REM ***               * * *
11999 :
12000 IF BF=1 THEN I=0: GOTO 12060
12010 IF SP<UB AND CF=0 THEN CF=1: GOSUB 16000
12020 IF CF=1 THEN I=SP/R: GOTO 12050
12030 IF SP<UD THEN I=0
12040 IF SP>=UD THEN I=(SP-UD)/R
12050 IF ABS(I)>IA THEN BF=1: GOSUB 16500: GOTO 12000
12060 GOSUB 15000
12070 TEXT LR,RU+2,T1$+STR$(I)+T2$,2,1,8
12080 RETURN
14995 :
14996 REM ***          * * *
14997 REM *** POTENTIALKURVE ZEICHNEN ***
14998 REM ***          * * *
14999 :
15000 U=SP: GOSUB 19000
15010 LINE LR,V,DI-1,V,FA
15020 V1=V
15030 U=I*R: GOSUB 19000
15040 LINE DI-1,V1,DI+1,V,FA
15050 LINE DI+1,V,WL,V,FA
15060 V1=V
15070 U=0:GOSUB 19000
15080 LINE WL,V1,WR,V,FA
15090 LINE WR,V,RR,V,FA
15100 RETURN
15995 :
15996 REM ***          * * *
15997 REM *** DURCHBRUCHEFFEKTE ***
15998 REM ***          * * *
15999 :
16000 TEXT DI-70,3,"█DURCHGEBROCHEN !",1,1,8
16100 RETURN
16495 :
```

```
16496 REM ***        * * *
16497 REM *** ABBRENNEFFEKTE ***
16498 REM ***        * * *
16499 :
16500 TEXT DI-70,3,"DURCHGEBROCHEN !",0,1,8
16510 TEXT DI-66,3,"DURCHGEBRANNT !",1,1,8
16600 RETURN
16995 :
16996 REM ***              * * *
16997 REM *** UNGEEIGNETER MASZSTAB ***
16998 REM ***              * * *
16999 :
17000 PRINT:PRINT:PRINT" DIESER MASZSTAB IST ZU GROSZ FUER DIE"
17010 PRINT"                                "
17020 PRINT" JETZT ANLIEGENDE SPANNUNG"
17030 PRINT:PRINT:PRINT
17040 GOTO 5200
17995 :
17996 REM ***        * * *
17997 REM *** HELP-ROUTINE ***
17998 REM ***        * * *
17999 :
18000 CSET0
18010 GET GE$: IF GE$<>CHR$(13) THEN 18010
18020 CSET2
18030 RETURN
19000 V=UU-U*MU
19010 RETURN
```

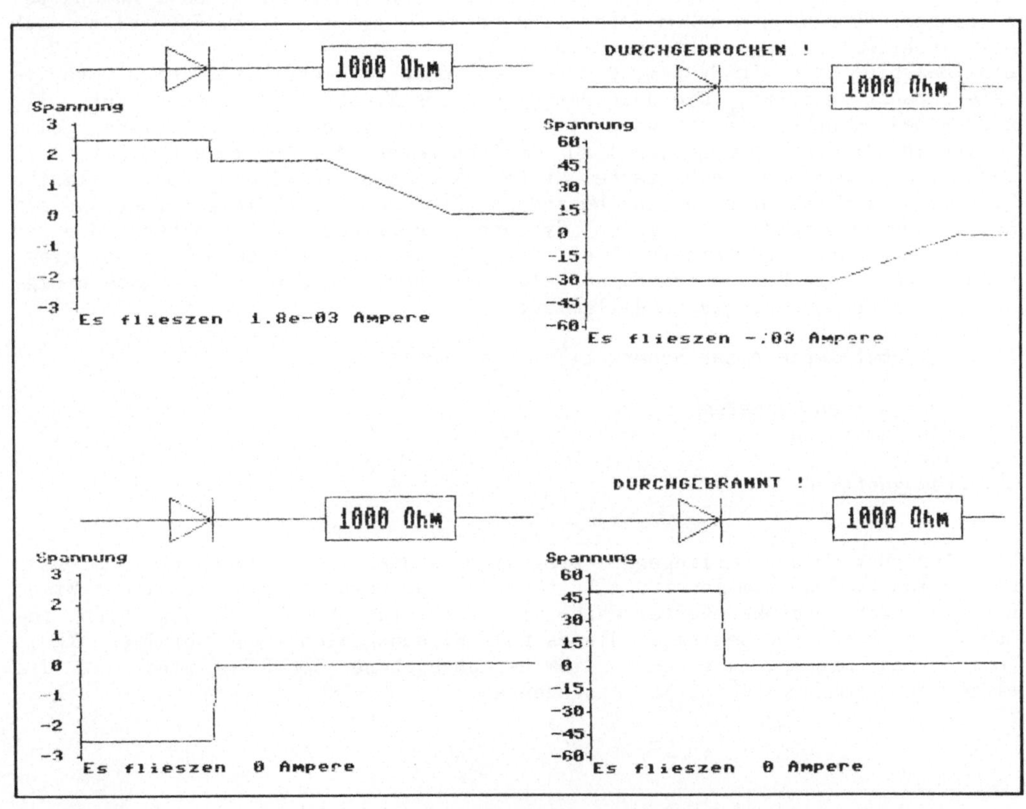

2 8 . - 3 1 .   S Y N E R G E T I K

PROBLEMSTELLUNG

Bei der Synergetik handelt es sich um ein ziemlich neues Forschungsgebiet der Physik. Einer der Begründer ist Hermann Haken von der Universität Stuttgart. Die Synergetik befaßt sich mit Selbstorganisation von Strukturen, Wachstumsprozessen und chaotischen Systemen. Der Computer leistet dabei wertvolle Rechenhilfe (etwa bei der Simulation von Wachstumsprozessen). Ein wichtiges Anwendungsbeispiel für die Selbstorganisation eines Systems ist der Laser. Die Ausbildung bestimmter Flüssigkeitsmuster oder Wolkenformen läßt sich ebenso mit Hilfe der Synergetik erklären, wie Populationsveränderungen in der Natur (interessant sind hier z.B. die Populationsschwankungen von Räuber- und Beutetieren in einem gemeinsamen Lebensraum). Die Ansätze sind relativ einfach und vereinfachen natürlich auch (was aber trotzdem zu sinnvollen und richtigen Aussagen führt), sie führen jedoch auf Differentialgleichungen, die mitunter nichtlinear und gekoppelt sein können. Die mathematische Lösung ist dann schon äußerst schwierig zu erhalten. Wenn man jedoch diese Differentialgleichungen als Differenzengleichungen behandelt, kann man mit Hilfe eines Computers brauchbare Aussagen über die Entwicklung eines Systems gewinnen. Dabei zeigt sich z.B., wie sich geringe Änderungen in den Eingangsdaten auswirken können. Dabei gibt es zwei Möglichkeiten:
1. Es liegt ein Attraktor vor. Dann geht das System praktisch unabhängig von den Eingangsdaten stets in denselben Gleichgewichtswert über. Bei Wachstumsprozessen ist dies meist für geringes Wachstum der Fall.
2. Das System wird chaotisch, das heißt, kleine Änderungen der Anfangsbedingungen führen zu starken Veränderungen im Systemverhalten. Es stellt sich kein stabiler Gleichgewichtswert ein.
Ein Beispiel für ein System, das für bestimmte Parameterwerte keine stationäre Lösung besitzt, die nach Beendigung des Einschwingvorganges für alle Anfangsbedingungen gleich wäre, ist ein anharmonischer Oszillator, der eine rücktreibende Kraft proportional zur dritten Potenz der Auslenkung besitzt.
Derart empfindliche mechanische Systeme kann man nicht als "physikalische Systeme" im herkömmlichen Sinn behandeln. Trotzdem ist es interessant und mit Hilfe des Computers auch möglich, Systeme in Bereichen zu betrachten, die man früher als "Störung" beiseite ließ. Beispielsweise treten beim Betrieb einer Diode chaotische Zustände auf. Normalerweise werden diese durch Angabe geeigneter Betriebsbedingungen ausgeklammert.

Als Programmbeispiele zur Synergetik liegen vor:

28. Beschränktes Wachstum
29. Wachstumsraten
30. Laser
31. Erdmagnetfeld

Die Anregung zu den vorliegenden Programmen stammt von Universitätsprofessor Dr. Roman U. Sexl vom Institut für theoretische Physik der Universität Wien. Er hat sich in dankenswerter Weise mit dieser Thematik befaßt und sich bemüht, in Form von Seminaren dieses neue Wissensgebiet einem breiten Kreis bekannt zu machen. In einem von ihm herausgegebenen Lehrbrief wird auf die einzelnen Themen ausführlicher eingegangen.

28. BESCHRÄNKTES WACHSTUM

PHYSIKALISCHE GRUNDLAGEN - PROGRAMMAUFBAU

In der klassischen Mechanik beschäftigte man sich vorwiegend mit linearen Differentialgleichungen und ignorierte auftretende Nichtlinearitäten meist, weil man sie mit den analytischen Methoden nicht behandeln konnte.
Nichtlineare Systeme zeigen jedoch ein ganz anderes Verhalten, und mit Hilfe eines Computers kann man sie untersuchen.
Für das Wachstum einer Anzahl von N Atomen, Photonen, Lebewesen, Geschäften oder auch Gehältern gilt die Gleichung

$$\frac{dN}{dt} = (a - 1).N$$

Für $a > 1$ nimmt die Anzahl N zu, für $a < 1$ verringert sich N. Mit der Zeitdifferenz $\Delta t = 1$ läßt sich aus dieser Differentialgleichung eine Differenzengleichung bilden:

$$\frac{\Delta N}{\Delta t} = \frac{N_{t+1} - N_t}{1}$$

Daraus erhält man die Rekursionsformel $\quad N_{t+1} = a.N_t$

N_{t+1} ... Anzahl zur Zeit t+1,

N_t ... Anzahl zur Zeit t

Ohne Beschränkung erhält man für $a > 1$ eine ständige Zunahme der Anzahl N. Unbegrenztes Wachstum ist jedoch über längere Zeiträume hinweg unmöglich. Im Tierreich etwa würde das Futter und der Lebensraum zu knapp. Die Beschränkung des Wachstums läßt sich in Form eines nichtlinearen Terms als Zusatz zur Differentialgleichung ausdrücken:

$$N_{t+1} = a.N_t - b.N_t^2$$

Durch eine Variablentransformation $N = (a/b).X$ erhält man die kanonische Form des Wachstumsgesetzes

$$X_{t+1} = a.X_t . (1 - X_t)$$

Für kleine Werte von a (geringes Wachstum) geht das System stets in einen Gleichgewichtswert über, der unabhängig von den Anfangsbedingungen ist. Für steigende Werte von a treten Schwankungen des Systems auf, deren Periode 2, 4, 8, ... beträgt. Bei a = 3,692 schließlich tritt Chaos ein. Kleine Veränderungen der Anfangsbedingungen führen zu starken Veränderungen des Systems. Eine Vorhersage ist praktisch nicht mehr möglich.

HINWEISE ZUR PROGRAMMGESTALTUNG

Die Eingaben erfolgen ab Zeile 200. Es wird die kanonische Form des Wachstumsgesetzes verwendet. Mit geeigneten Faktoren wäre jedoch die Eingabe leicht so abzuändern, daß die erste Beziehung mit der Anzahl N verwendet werden kann. Dabei wäre etwa die Eingabe von a = 1.1, b = 0.001 und N = 1000 möglich.

Durch die Transformation ergibt sich für X ein Wert kleiner als 1.
Die Rechenschleife beginnt in Zeile 500. Für X =0 wird der Zeichenbefehl in 540 übersprungen. Die Bildschirmkoordinaten werden jeweils festgehalten, da mit dem LINE - Befehl gearbeitet wird. Die Schrittweite DT hat keinen Einfluß auf die Größe von X, läßt jedoch je nach Eingabe unterschiedliche Interpretationen des Ergebnisses zu (Zeiträume von Sekunden, Jahren, Jahrhunderten).
Die Skalenfaktoren müssen entsprechend den eingegebenen Parametern gewählt werden. Der Maximalwert TM wird mit Hilfe des Skalenfaktors berechnet und dann als Schleifenendwert verwendet. Das Koordinatensystem wird in 400-470 gezeichnet. Die Formel, nach der die Anzahl X berechnet wird, ist auf dem Bildschirm zu lesen.

LISTE DER VERWENDETEN VARIABLEN

A	Wachstumsrate
XO	Anfangswert der Anzahl (transformiert)
DT	Zeitschritt
T	Zeit, Schleifenvariable
SZ	Skalenfaktor für T
SK	Skalenfaktor für X
TM	Maximalwert für T
TS, XS	Bildschirmkoordinaten für T, S
TT, XX	festgehaltener Wert der Bildschirmkoordinaten
T$, A$	Beschriftung (Formel)

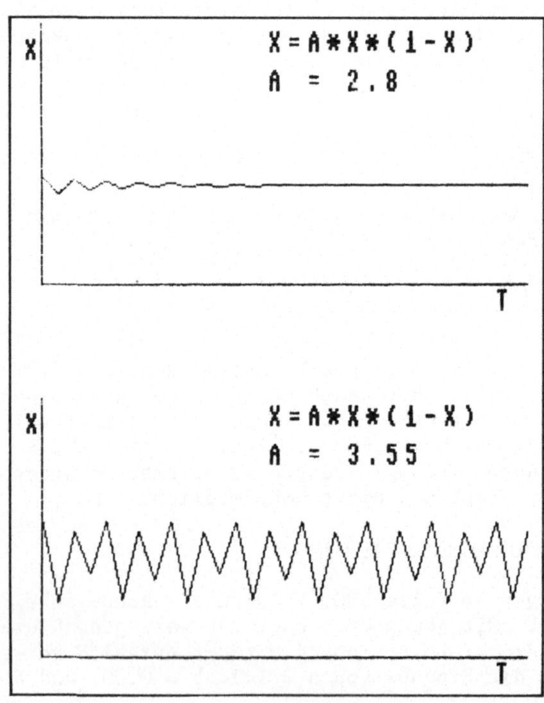

```
READY.

5 REM    ******************************
6 REM    *   BESCHRAENKTES WACHSTUM   *
7 REM    ******************************
8 :
9 :
10 PRINT"⌧"
20 PRINT AT(7,3)"┌─────────────────────────┐"
30 PRINT AT(7,4)"│  BESCHRAENKTES WACHSTUM │"
40 PRINT AT(7,5)"└─────────────────────────┘"
50 PRINT AT(1,8)"KANONISCHE FORM DES WACHSTUMSGESETZES"
60 PRINT AT(14,10)"X=A*X(1-X)"
70 PRINT:PRINT:PRINT
195 :
196 REM ***    * * *
197 REM ***  EINGABE  ***
198 REM ***    * * *
199 :
200 INPUT" WACHSTUMSRATE A    2.8█████";A:PRINT
210 INPUT" ANFANGSWERT X    .5█████";X0:PRINT
220 INPUT" ZEITSCHRITT DT    1███";DT:PRINT
230 INPUT" SKALENFAKTOR FUER T    10█████";SZ:PRINT
240 INPUT" SKALENFAKTOR FUER X    100██████";SK
300 TM=300/SZ:X=X0
310 TT=20:XX=180-SK*X0
395 :
396 REM ***         * * *
397 REM *** KOORDINATENSYSTEM ***
398 REM ***         * * *
399 :
400 HIRES 1,6
410 LINE 20,10,20,180,1
420 LINE 20,180,320,180,1
430 T$="X=A*X*(1-X)":A$="A ="+STR$(A)
440 TEXT 160,15,T$,1,2,12
450 TEXT 160,40,A$,1,2,12
460 TEXT 10,20,"X",1,2,12
470 TEXT 300,184,"T",1,2,12
495 :
496 REM ***       * * *
497 REM *** RECHENSCHLEIFE ***
498 REM ***       * * *
499 :
500 FOR T=0 TO TM STEP DT
510 X=A*X*(1-X)
520 TS=SZ*T+20:XS=180-SK*X
530 IF XS<=0 THEN 560
540 LINE TT,XX,TS,XS,1
550 TT=TS:XX=XS
560 NEXT T
570 PAUSE 1000
580 END
```

29. WACHSTUMSRATEN

PROBLEMSTELLUNG

Aufbauend auf dem Programm "Beschränktes Wachstum" wird das Ergebnis für zunehmende Wachstumsrate in einem Diagramm dargestellt. Der Übergang zum Chaos wird erkennbar.

PHYSIKALISCHE GRUNDLAGEN - PROGRAMMAUFBAU

Ein System mit dem Wachstumsparameter a (beschränktes Wachstum) hat für kleine Werte von a einen Gleichgewichtszustand. Für steigenden Wert von a treten Schwankungen auf, bis schließlich bei a = 3,692 Chaos eintritt. Übertriebenes Wachstum führt also ins Chaos. Bei gleichen Anfangsbedingungen wird das Systemverhalten für wachsenden Parameter a berechnet, die Anzahl X wird jedoch immer an der gleichen Stelle aufgetragen, sodaß man ein Diagramm in Abhängigkeit von der Größe des Wachstumsparameters erhält.
Die Idee des Programms geht auf Feigenbaum zurück, weshalb es im Untertitel diesen Namen trägt.
Mit Hilfe grafischer Methoden läßt sich zeigen, warum sich das System bei gewissen Wachstumsparametern stabil bzw. instabil verhält.

HINWEISE ZUR PROGRAMMGESTALTUNG

Der Programmlauf dauert einige Zeit, da zwei ineinandergeschachtelte Rechenschleifen oftmals durchlaufen werden. Eingabe erfolgt bei diesem Programm keine. Änderungen können also nur im Programm selbst vorgenommen werden.
Im Programmteil ab 500 wird der Wachstumsparameter A von 2.7 bis 3.7 in Schritten von 0.02 erhöht, und es erfolgt eine entsprechende Ausgabe auf dem Bildschirm. Aus Platzgründen wird auf der horizontalen Achse nur jeder zehnte Wert von A angeschrieben. Die Anzahl X wird auf der vertikalen Achse aufgetragen. Da das System nicht sofort im Gleichgewicht ist, werden die ersten 50 Werte nicht angezeigt. Sie würden zu unerwünschten Schwankungen führen. Wenn A > 3.3 ist, werden die ersten 100 Werte unterdrückt. Für jeden Parameter A wird die Rechenschleife (700 - 770) 200 mal durchlaufen.

LISTE DER VERWENDETEN VARIABLEN

X	Anzahl
XA	Anfangswert der Anzahl X
A	Wachstumsrate
SK	Skalenfaktor für X
S	Skalenfaktor für A
B	Konstante für die Bildschirmkoordinate von A
T	Schleifenzähler
TM	Schleifenendwert
Z	Zählvariable
A$,AA$	Beschriftung von A
AS, XS	Bildschirmkoordinaten
X1	Hilfsgröße zur Berechnung der Bildschirmkoordinate XS

```
4 REM     *********************
5 REM     *  WACHSTUMSRATEN   *
6 REM     *     FEIGENBAUM    *
7 REM     *********************
8 :
9 :
10 PRINT"◻"
20 PRINT AT(9,3)"┌──────────────────┐"
30 PRINT AT(9,4)"│  WACHSTUM INS CHAOS  │"
40 PRINT AT(9,5)"└──────────────────┘"
50 PRINT AT(1,10)"WELCHE WACHSTUMSRATE FUEHRT ZUM CHAOS ?"
60 PRINT AT(3,14)"WACHSTUMSGESETZ  :"
70 PRINT AT(10,17)"X = A*X*(1-X)"
80 PRINT AT(1,21)"A NIMMT WERTE VON 2.7 BIS 3.7 AN"
90 PAUSE10
100 XA=.3
110 SK=150
120 B=520
130 S=200
140 TM=200
200 HIRES 1,6
210 LINE 10,20,10,170,1
220 LINE 10,170,300,170,1
495 :
496 REM ***           * * *
497 REM *** ERHOEHUNG/WACHSTUMSRATE ***
498 REM ***           * * *
499 :
500 FOR A=2.7 TO 3.7 STEP .02
510 X=XA
520 IF INT(Z/5)<>Z/5 THEN 600
530 LINE S*A-B,165,S*A-B,175,1
540 IF INT(Z/10)<>Z/10 THEN 600
550 LINE S*A-B+1,165,S*A-B+1,175,1
560 LINE S*A-B-1,165,S*A-B-1,175,1
570 A$=STR$(.01*INT(100*A+.5))
580 TEXT S*A-B-20,185,A$,1,2,10
600 A$=STR$(.01*INT(100*A+.5))
610 TEXT 250,30,AA$,0,2,10
620 TEXT 250,30,A$,1,2,10
695 :
696 REM ***          * * *
697 REM *** RECHENSCHLEIFE ***
698 REM ***          * * *
699 :
700 FOR T=1 TO TM
710 X=A*X*(1-X)
720 IF T<50 THEN 770
730 IF A>3.3 THEN IF T<100 THEN 770
740 X1=SK*X
750 AS=S*A-B:XS=170-X1
760 PLOT AS,XS,1
770 NEXT T
800 AA$=A$
810 Z=Z+1
820 NEXT A
900 PAUSE 1000
910 END
```

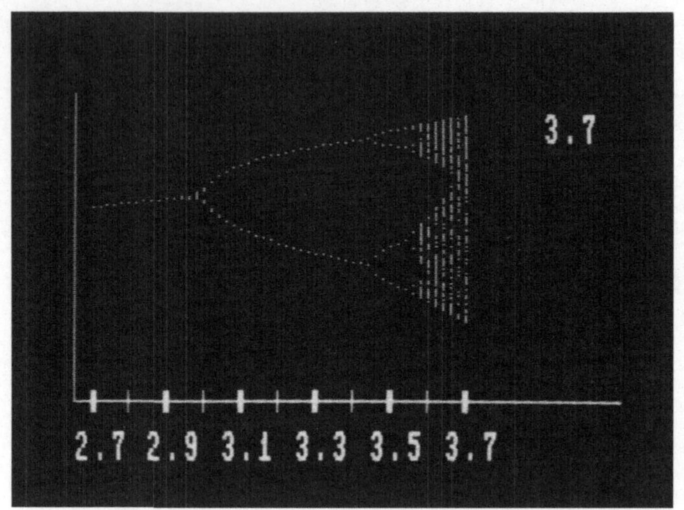

3.7
2.7 2.9 3.1 3.3 3.5 3.7

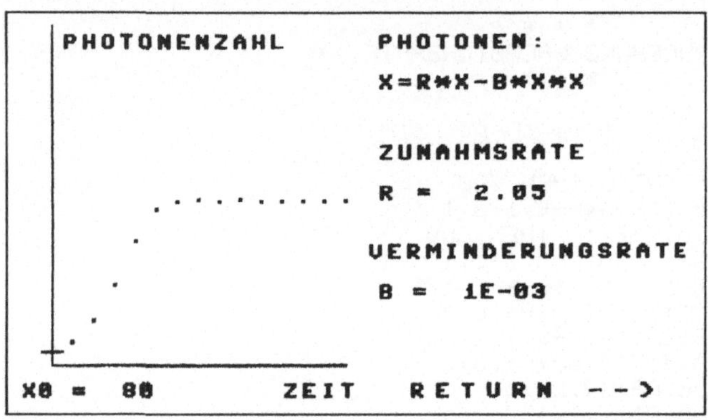

PHOTONENZAHL   PHOTONEN:
X=R*X-B*X*X

ZUNAHMSRATE
R =   2.05

VERMINDERUNGSRATE
B =   1E-03

X0 =   80   ZEIT   RETURN -->

3 0 . L A S E R

PROBLEMSTELLUNG

Der Laser ist ein Paradebeispiel für die Synergetik. Er ist ein Beispiel für das Zustandekommen eines geordneten Zustands durch Selbstorganisation. Das Verhalten der Laseratome soll durch dieses Programm simuliert werden.

PHYSIKALISCHE GRUNDLAGEN

Im Jahre 1960 gelang es erstmals, Laserlicht zu erzeugen. Dabei organisieren die Atome ihr Verhalten selbst. Sie beginnen wie auf ein Kommando im Gleichtakt zu schwingen, ohne daß ein Taktgeber erkennbar ist. Ob die Lichtaussendung zustande kommt, hängt von mehreren Faktoren ab: von der Energiezufuhr, von der Anzahl der Photonen und von der Änderung der Photonenzahl. Die Anzahl der Photonen im Laser ändert sich aus mehreren Gründen:
1. Angeregte Atome senden Photonen aus (stimulierte Emission). Die Anzahl der zusätzlichen Photonen ist proportional zur Anzahl der angeregten Atome und zur Anzahl der vorhandenen Photonen.
2. Photonen gehen an den Endplatten des Lasers verloren. Dieser Verlust ist proportional zur Photonenzahl.
Für die Änderung der Photonenzahl n gilt:

$$dn/dt = a.n.N - k.n^2 \qquad N \quad \text{Anzahl der angeregten Atome}$$
$$\text{Gewinn} \quad \text{Verlust}$$

Nun wird jedoch die Anzahl der angeregten Atome durch Photonenemission verringert. Es gilt für die Anzahl der angeregten Atome N die Beziehung

$$N = NO - g.n$$

wobei NO die Anzahl der angeregten Atome ist, die durch den äußeren Energiefluß hervorgerufen werden.
Setzt man nun für die Anzahl der angeregten Atome in die erste Beziehung ein, so erhält man als Grundgleichung für den Laser

$$dn/dt = r.n - b.n^2 \qquad \text{mit} \quad r = a.NO - k \quad \text{und} \quad b = a.g$$

Schreibt man diese Differentialgleichung als Differenzengleichung für dt = 1 an, so erhält man für die Anzahl der Photonen im nächsten Zeitabschnitt

$$n_{k+1} = (r+1).n_k - b.n_k^2$$

Im vorliegenden Programm wird für r+1 die Bezeichnung r verwendet, sodaß die Beziehung zu

$$n_{k+1} = r.n_k - b.n_k^2 \quad \text{wird.}$$

Diese Gesetzmäßigkeit stellt wieder einen Wachstumsprozeß dar. Allerdings kann r sowohl größer als 1 als auch kleiner als 1 sein. Wird zuwenig äußere Energie zugeführt, so wird r nicht größer als 1, das heißt, die Photonenzahl nimmt nicht zu. Die angeregten Atome kehren einzeln und ungeordnet wieder in den Grundzustand zurück. Der Laser sendet kein Licht aus.
Wird mehr Energie zugeführt, also NO erhöht, so wird r positiv. Die Photonen werden koordiniert emittiert, der Laser sendet kohärentes Licht aus.

HINWEISE ZUR PROGRAMMGESTALTUNG

In dem Programm soll für eine vorgegebene Anzahl von Rechenschritten die Photonenzahl berechnet und in einer Grafik dargestellt werden. Die Eingabe kann vereinfacht erfolgen, sodaß nur die Zunahmsrate R und die Verminderungsrate B einzugeben sind. Als zweite Möglichkeit ist auch die Eingabe der Parameter A, K und G vorgesehen, die auch die Zahl der angeregten Atome miteinbeziehen. Weiters sind die entsprechenden Zahlenfaktoren für die Grafik auszuwählen. In 290 und 300 werden die Zunahmsrate und die Verminderungsrate aus der komplizierteren Eingabe berechnet. Die maximal darstellbaren Werte der Photonenzahl XM und des Schleifenzählers TM werden in 320 berechnet und später für Abfragen benützt.
Die Rechenschleife beginnt in 500. Die Photonenzahl wird berechnet und dann im Unterprogramm 2000 grafisch dargestellt. Zuvor werden die Bildschirmkoordinaten XS und TS berechnet (in 2000). Durch eine Warteschleife (2030) wird die Zeichnung etwas verzögert. Das Koordinatensystem wird im Unterprogramm 1000 gezeichnet. Dabei erfolgt auch die Ausgabe der zur Berechnung benutzten Formel, sowie der Zunahms- und Verlustrate. Am Ende der Zeichnung wird der Benutzer aufgefordert, mit der Taste "RETURN", die die lange Pause beendet, fortzusetzen. Es erfolgt ein Rücksprung zum Eingabeblock.
Man kann mit diesem Programm zeigen, daß bei Zunahmsraten kleiner als 1 die Anzahl der Photonen auf 0 absinkt und der Laser kein Licht aussendet. Bei diesem Programm wurde die ständige Energiezufuhr von außen (Erhöhung von NO) nicht berücksichtigt. Es wäre aber z.B. in dieser Hinsicht noch ausbaufähig.

LISTE DER VERWENDETEN VARIABLEN

E$	Abfrage, ob vereinfachte Eingabe
R	Zunahmsrate
B	Verminderungsrate
NO	Anzahl der angeregten Atome zu Beginn
XO	Anzahl der Photonen zu Beginn
X	Anzahl der Photonen
SZ, SK	Skalenfaktoren
T	Schleifenzähler
TM	Endwert des Schleifenzählers
XM	Größte darstellbare Photonenzahl
Q	Anfangspunkt im Koordinatensystem
Q$,R$,B$	Beschriftung im Koordinatensystem
TS, XS	Bildschirmkoordinaten
I,Z	Zählvariable für Warteschleife

```
5 REM     ****************
6 REM     *  L A S E R  *
7 REM     ****************
8 :
9 :
10 PRINT"◻"
20 PRINT AT(12,4)"┌──────────┐"
30 PRINT AT(12,5)"│ L A S E R │"
40 PRINT AT(12,6)"└──────────┘"
50 PRINT AT(3,10)"DIE ZAHL DER ANGEREGTEN ATOME ZU"
60 PRINT AT(3,12)"BEGINN HAENGT VON DER ENERGIE AB."
70 PRINT AT(3,14)"DIE ZAHL DER PHOTONEN HAENGT VON"
80 PRINT AT(3,16)"DER ZAHL DER ANGEREGTEN ATOME AB."
90 PRINT AT(3,19)"NUR BEI AUSREICHENDER ZUNAHME DER"
100 PRINT AT(3,21)"PHOTONEN KANN DER LASER ZUENDEN !"
110 PAUSE 20
120 PRINT"◻":PRINT:PRINT
130 POKE 53280,6:POKE 53281,1
135 :
136 REM ***    * * *
137 REM ***   EINGABE  ***
138 REM ***    * * *
139 :
140 INPUT" VEREINFACHTE EINGABE J/N    J███";E$:PRINT:PRINT
150 IF E$<>"J" THEN 200
160 INPUT" ZUNAHMSRATE R    2.05██████";R:PRINT
170 INPUT" VERMINDERUNGSRATE B    .001██████";B:PRINT:PRINT
180 GOTO 230
200 INPUT " GEWINNRATE A    0.08██████";A:PRINT
210 INPUT" VERLUSTRATE K    6.7█████";K:PRINT
220 INPUT" VERLUST ANGEREGT G   .01█████";G:PRINT
230 INPUT" ANGEREGTE ATOME ZU BEGINN N0    100██████";N0:PRINT
240 INPUT" PHOTONENZAHL ZU BEGINN X0    80█████";X0:PRINT:PRINT
250 INPUT" SKALENFAKTOR    10█████";SZ:PRINT
260 INPUT" SKALENFAKTOR PHOTONENZAHL    .08██████";SK
270 IF X0*SK>180 THEN 260
280 IF E$="J" THEN 310
290 R=A*N0-K+1
300 B=A*G
310 X=X0
320 TM=140/SZ:XM=180/SK
330 GOSUB 1000
495 :
496 REM ***       * * *
497 REM *** RECHENSCHLEIFE ***
498 REM ***       * * *
499 :
500 FOR T=1 TO TM
510 X=R*X-B*X*X
520 IF X>XM THEN 600
530 IF X<=0 THEN 600
540 GOSUB 2000
550 NEXT T
```

```
595 :
596 REM *** * * *
597 REM *** E N D E ***
598 REM *** * * *
599 :
600 FOR I=1 TO 4
610 TEXT 190,190,"RETURN -->",0,1,12
620 FOR Z=1 TO 100:NEXT
630 TEXT 190,190,"RETURN -->",1,1,12
640 FOR Z=1 TO 100:NEXT
650 NEXT
660 PAUSE 1000
670 CSET 0
680 CLR:GOTO 120
995 :
996 REM ***         * * *
997 REM *** KOORDINATENSYSTEM ***
998 REM ***         * * *
999 :
1000 HIRES 13,11:POKE 53280,11
1010 LINE 20,10,20,180,1
1020 LINE 20,180,160,180,1
1030 Q=SK*X0
1040 LINE 15,180-Q,25,180-Q,1
1050 Q$="X0 = "+STR$(X0)
1060 TEXT 5,190,Q$,1,1,8
1070 TEXT 25,15,"PHOTONENZAHL",1,1,9
1080 TEXT 130,190,"ZEIT",1,1,9
1090 TEXT 175,15,"PHOTONEN:",1,1,9
1100 TEXT 175,35,"X=R*X-B*X*X",1,1,9
1110 TEXT 175,70,"ZUNAHMSRATE",1,1,9
1120 R$="R = "+STR$(.01*INT(100*R+.5))
1130 TEXT 175,90,R$,1,1,9
1140 TEXT 170,120,"VERMINDERUNGSRATE",1,1,9
1150 B$="B = "+STR$(.0001*INT(10000*B+.5))
1160 TEXT 175,140,B$,1,1,8
1170 RETURN
1995 :
1996 REM *** * * *
1997 REM ***  GRAFIK  ***
1998 REM *** * * *
1999 :
2000 TS=20+SZ*T:XS=180-SK*X
2020 TEXT TS-4,XS-4,".",1,1,1
2030 FOR I=1 TO 100:NEXTI
2040 RETURN
```

3 1 . E R D M A G N E T F E L D

PROBLEMSTELLUNG

Die Entstehung des Erdmagnetfeldes gab lange Zeit hindurch Rätsel auf. Die Gleichungen, die zu lösen waren, wiesen eine so schwierige mathematische Struktur auf, daß sie mit den üblichen Methoden nicht lösbar waren. Die ersten Lösungen mit Hilfe von Näherungsmethoden gelangen erst 1955. Nach der Entdeckung, daß sich das Erdmagnetfeld im Laufe der Jahrmillionen wiederholt umgepolt hat (Daten vom Ozeanboden zeigten dies), suchte man einfache Modelle, die diese Polumkehr erklärten. Es stellte sich heraus, daß die Polumkehr ein chaotischer Vorgang ist, der keine Regelmäßigkeit aufweist. Mit Hilfe eines Computerprogramms läßt sich dieses spezielle Verhalten simulieren. Die Grundlagen dazu sind dem Skriptum "Ordnung und Chaos" von Universitätsprofessor Dr. Roman U. Sexl entnommen.

PHYSIKALISCHE GRUNDLAGEN - PROGRAMMAUFBAU

Ein einfaches Modell zur Entstehung des Erdmagnetfeldes wurde 1968 von Rikitake vorgeschlagen. Es besteht aus zwei aneinandergekoppelten Dynamos, deren Bewegungsgleichungen sich aus den Gleichungen für einen selbsterregten Dynamo ableiten lassen. Dabei geht es um die Tatsache, daß Ströme Magnetfelder verursachen und andererseits Magnetfeld wiederum Ströme erzeugen. In der einfachsten Form besteht der Dynamo aus einer metallischen Scheibe, an der ein Draht an der Achse und am Scheibenrand mit Schleifkontakten angebracht ist. Entsteht durch einen Zufall ein kleines Magnetfeld parallel zur Achse, so ruft die Bewegung der Scheibe in diesem Magnetfeld eine elektrische Spannung hervor und ein Strom beginnt im Draht zu fließen. Dieser Strom ruft wiederum ein Magnetfeld hervor, das das ursprüngliche Feld verstärkt. Der selbsterregte Dynamo schaukelt sich allmählich auf, bis sein Magnetfeld einen stationären Wert erreicht, der durch den Ohmschen Widerstand der Scheibe und des Drahtes begrenzt wird. Mathematisch wird das System beschrieben durch

$$L\dot{I} + RI = K\omega I \quad (1)$$

Die rechte Seite der Gleichung gibt die induzierte elektrische Spannung an. Sie ist proportional zum Strom I und zur Winkelgeschwindigkeit .
Da der Dynamo als Wirbelstrombremse wirkt, die die Drehung verlangsamt, muß ein äußeres Drehmoment auf die Scheibe wirken. Die Bewegungsgleichung für die Drehbewegung lautet in diesenm Fall

$$C\dot{\omega} = M - KI^2 \quad (2)$$

C ist das Trägheitsmoment der Scheibe und KI^2 berücksichtigt den Einfluß der Wirbelstrombremse.
Dieses gekoppelte Gleichungssystem hat eine stationäre Lösung. Das Problem ist jedoch, daß der Dynamo im Erdinneren ohne Drähte und Drehscheiben auskommen muß. Die Dynamogleichung, die von den Maxwell-Gleichungen ausgeht, ist viel komplizierter und ohne komplizierte Näherungsmethoden oder Computerprogramme nicht lösbar.
Das Rikitake-Modell besteht aus zwei aneinandergekoppelten Dynamos, deren Bewegungsgleichungen einfache Verallgemeinerungen der Beziehungen (1) und (2) sind. Für die beiden Dynamos gelten die folgenden Gleichungen:

$$L\dot{I}_1 + RI_1 = K\omega_1 I_2 \qquad\qquad L\dot{I}_2 + RI_2 = K\omega_2 I_1$$

$$C\dot{\omega}_1 = M - KI_1 I_2 \qquad\qquad C\dot{\omega}_2 = M - KI_1 I_2$$

Die vier Differentialgleichungen für vier Variable werden noch dadurch einfacher, daß $\dot{\omega}_1 - \dot{\omega}_2 = 0$ gilt, und daher $\omega_1 - \omega_2 = a$ eine Konstante ist. Die Gleichung für   braucht deshalb nicht gesondert betrachtet zu werden. Eine einfache Transformation der Variablen bringt das verbleibende Gleichungssystem auf die kanonische Form

$$\dot{X}_1 + \mu X_1 = YX_2$$

$$\dot{X}_2 + \mu X_2 = (Y-A)X_1$$

$$\dot{Y} = 1 - X_1 X_2$$

Transformation:
$$I_1 = \sqrt{\frac{M}{K}} \cdot X_1 \qquad I_2 = \sqrt{\frac{M}{K}} \cdot X_2 \qquad \omega_1 = \sqrt{\frac{ML}{CK}} \cdot Y$$

$$a = \sqrt{\frac{ML}{CK}} \cdot A \qquad t = \sqrt{\frac{LC}{MK}} \cdot \tau \qquad \mu = R \cdot \sqrt{\frac{C}{MKL}}$$

Es liegt damit ein gekoppeltes, nichtlineares Gleichungssystem vor, das charakteristisch für chaotische dynamische Systeme ist.

Das Programm ermöglicht es, die zeitliche Entwicklung des Magnetfeldes des ersten Generators für verschiedene Anfangsbedingungen zu untersuchen.

Das Magnetfeld schwankt zunächst um einen unstabilen Gleichgewichtswert. Diese Schwankungen schaukeln sich auf und führen schließlich zur Umpolung. Die völlig regellosen Schwankungen sind stark von den Anfangsbedingungen abhängig. Für eine Prognose der weiteren Entwicklung des Erdmagnetfeldes wäre eine extrem genaue Kenntnis der Anfangsbedingungen notwendig. Diese kann aber nicht erlangt werden. Eine Vorhersage der nächsten Polumkehr ist daher nicht möglich.

HINWEISE ZUR PROGRAMMGESTALTUNG

Da bei diesem Programm unter anderem auch der Einfluß der Anfangswerte gezeigt werden soll, kann man bis zu drei Kurven in unterschiedlichen Farben übereinander zeichnen lassen. Das Hilfsprogramm GDUMP ermöglicht das Abspeichern und Zurückholen des Bildes, wenn Eingaben vorzunehmen sind. Dabei bleiben die Farben ebenfalls erhalten, was beim Befehl CSET 0 nicht der Fall ist.

Auf der 1. Bildschirmseite werden die Rikitake-Gleichungen angegeben. Dann erfolgt die Eingabe der Anfangsbedingungen (XA, XB, YO). Die Parameter MY und A sind im Programm festgelegt (290). Der Zeitschritt DT kann z.B. 0.1 Jahrtausende bedeuten. Die Skalenfaktoren werden ebenfalls im Programm festgelegt (SZ und SK). Im Programmteil 300-360 wird das Koordinatensystem mit dem Anfangspunkt festgelegt. In 320 wird das 1. Bild mit dem Befehl SYS 834 zurückgeholt und die Zeichenfarbe gewechselt. Die Rechenschleife umfaßt den Block 500-670 und das Unterprogramm 1000. Es wird im Halbschrittverfahren gerechnet. Dabei wird dX mit P1 bezeichnet, dX mit P2 und dY mit YP. Bevor ins Unterprogramm gesprungen wird, werden die Variablen X1, X2, Y mit den aktuellen Werten von XA, XB und YO belegt. In der Rechenschleife werden diese Differenzen mit dem halben Zeitschritt DH multipliziert und zu den alten Werten XA, XB und YO addiert (590-610). Mit diesen Zwischenwerten X1, X2 und Y wird das Unterprogramm erneut durchlaufen. Dann erst werden die Werte XA, XB und YO geändert und die Zeit weitergezählt (630-660Z). Die Berechnung der

Bildschirmkoordinaten erfolgt in 500 und 520, die Zeichnung in 550.
Um weitere Kurven zeichnen zu können, wird das 1. Bild mit Hilfe des Befehls
SYS 828 abgespeichert, dann die Variablen gelöscht und mit der nächsten
Eingabe fortgesetzt. Es zeigt sichm daß schon für geringfügige Änderungen der
Anfangswerte der Kurvenverlauf mit der Zeit vom Verlauf der 1. Kurve
abweicht.

LISTE DER VERWENDETEN VARIABLEN

XA,XB,YO	Anfangswerte gemäß Rikitake-Gleichungen
X1,X2,Y	Zwischenwerte
DT	Zeitschritt
DH	halber Zeitschritt
SZ	Skalenfaktor für die Zeit
SK	Skalenfaktor für X-Wert
MY, A	Koeffizienten gemäß Rikitake-Gleichungen
TS, XS	Bildschirmkoordinaten
TT, XX	festgehaltene Werte
T	Zeit
P1,P2,YP	Differenzen, die im Halbschrittverfahren berechnet werden.
FA	Farbe

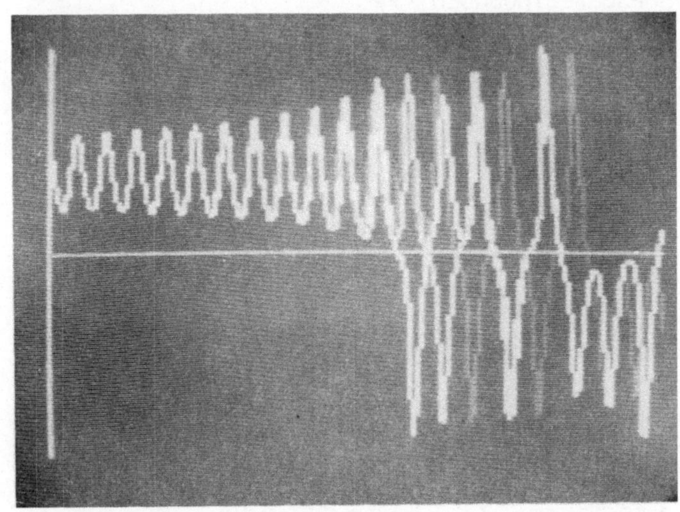

```
5 REM    **********************
6 REM   *  ERDMAGNETFELD  *
7 REM    ********************
8 :
9 :
10 PRINT"J"
20 PRINT AT(10,3)"┌─────────────────┐"
30 PRINT AT(10,4)"I  ERDMAGNETFELD  I"
40 PRINT AT(10,5)"└─────────────────┘"
50 IF PEEK(828)=76 THEN 100
60 PRINT CHR$(28)
70 PRINT AT(10,10)"G D U M P  LADEN !"
80 FLASH 2,9:REM *** BLINKEN INSERT ***
90 PAUSE 2:OFF:REM *** BLINKEN/ENDE ***
100 PRINT AT(25,20)"/RETURN/"
110 PAUSE 100:PRINT"J":PRINT CHR$(144)
120 PRINT AT(5,3)"RIKITAKE - GLEICHUNGSSYSTEM :"
130 PRINT AT(2,6)"GEKOPPELTE, NICHTLINEARE"
140 PRINT AT(2,8)"DIFFERENTIALGLEICHUNGEN"
150 PRINT AT(10,11)"X1'+MY*X1 = Y*X2"
160 PRINT AT(10,13)"X2'+MY*X2 = (Y-A)*X1"
170 PRINT AT(10,15)"Y' = 1-X1*X2"
195 :
196 REM ***         * * *
197 REM *** ANFANGSBEDINGUNGEN ***
198 REM ***         * * *
199 :
200 PRINT:PRINT
210 INPUT" X1    2    ";XA
220 INPUT" X2    1    ";XB
230 INPUT" Y     2    ";Y0
240 INPUT" DT    .1    ";DT
250 DH=DT/2
260 SZ=2
270 SK=25
280 FA=1
290 MY=1:A=2
295 :
296 REM ***          * * *
297 REM *** KOORDINATENSYSTEM ***
298 REM ***          * * *
299 :
300 HIRES 1,6:MULTI 4,7,3
310 POKE 53280,11:POKE 53281,11
320 IF Z>0 THEN SYS 834:FA=FA+Z
330 LINE 0,100,160,100,3
340 LINE 0,0,0,200,3
350 TT=T*MT
360 XX=100-SK*XA
495 :
496 REM ***       * * *
497 REM *** RECHENSCHLEIFE ***
498 REM ***       * * *
499 :
500 TS=SZ*T
510 IF TS>=160 THEN 1500
520 XS=100-SK*XA
530 IF XS>200 THEN XS=200
540 IF XS<0 THEN XS=0
550 LINE TS,XS,TT,XX,FA
560 TT=TS:XX=XS
```

```
570 X1=XA:X2=XB:Y=Y0
580 GOSUB 1000
590 X1=DH*P1+XA
600 X2=DH*P2+XB
610 Y=DH*YP+Y0
620 GOSUB 1000
630 XA=DT*P1+XA
640 XB=DT*P2+XB
650 Y0=DT*YP+Y0
660 T=T+DT
670 GOTO 500
995 :
996 REM ***      * * *
997 REM *** HALBSCHRITT ***
998 REM ***      * * *
999 :
1000 P1=Y*X2-MY*X1
1010 P2=(Y-A)*X1-MY*X2
1020 YP=1-X1*X2
1030 RETURN
1495 :
1496 REM ***      * * *
1497 REM *** WEITERE KURVEN ***
1498 REM ***      * * *
1499 :
1500 IF PEEK(828)<>76 THEN PAUSE 1000:END
1510 SYS 828
1520 TEXT 10,190,"´RETURN´",3,1,8
1530 PAUSE1000
1540 TEXT 10,190,"´RETURN´",0,1,8
1550 CSET 0:PRINT"⊐"
1560 IF Z=1 THEN 1590
1570 IF Z=2 THEN 1600
1580 CLR:Z=1:GOTO 200
1590 CLR:Z=2:GOTO 200
1600 PAUSE 1000:END
```

MikroComputer–Praxis
DISKETTEN

Die nachstehenden Disketten (5¼ Zoll) enthalten die Programme der gleich-
namigen zugehörigen Bücher, wobei Verbesserungen oder vergleichbare
Änderungen vorbehalten sind.

Duenbostl/Oudin/Baschy: **BASIC-Physikprogramme 2**
    Diskette für Apple II
    In Vorbereitung
    Diskette für C 64 / VC 1541, CBM-Floppy 2031, 4040
    In Vorbereitung

Erbs: **33 Spiele mit PASCAL**
    ... und wie man sie (auch in BASIC) programmiert
    Diskette für Apple II; UCSD-PASCAL
    Empf. Preis DM 46,–

Hainer: **Numerik mit BASIC-Tischrechnern**
    Diskette für C 64 / VC 1541; CBM-Floppy 2031, 4040
    Empf. Preis DM 48,–

Hoppe/Löthe: **Problemlösen und Programmieren mit LOGO**
    Ausgewählte Beispiele aus Mathematik und Informatik
    Diskette für Apple II; IWT-LOGO
    In Vorbereitung
    Diskette für C 64 / VC 1541; CBM-Floppy 2031, 4040
    In Vorbereitung

Menzel: **BASIC in 100 Beispielen**
    Diskette für Apple II; DOS 3.3
    Empf. Preis DM 42,–
    Buch mit Beilage Diskette für CBM-Floppy 8050, 8250
    DM 62,–

    Diskette für C 64 / VC 1541; CBM-Floppy 2031, 4040
    Empf. Preis DM 42,–

Menzel: **Dateiverarbeitung mit BASIC**
    Buch mit Beilage Diskette für Apple II; DOS 3.3 bzw. CP/M
    DM 62,–

Mittelbach: **Simulationen in BASIC**
    Diskette für Apple II; DOS 3.3
    Empf. Preis DM 46,–

Nievergelt/Ventura: **Die Gestaltung interaktiver Programme**
    Buch mit Beilage Diskette für Apple II; UCSD-PASCAL
    DM 62,–

Ottmann/Schrapp/Widmayer: **PASCAL in 100 Beispielen**
    Diskette für Apple II, UCSD-PASCAL
    Empf. Preis DM 48,–

Die Reihe wird durch weitere Bände und Disketten fortgesetzt.

Preisänderungen vorbehalten

ᛒ B. G. Teubner Stuttgart

MikroComputer–Praxis

Die Teubner Buch- und Diskettenreihe für
Schule, Ausbildung, Beruf, Freizeit, Hobby

Fortsetzung

Menzel: **BASIC in 100 Beispielen**
4. Aufl. 244 Seiten. DM 24,80

Menzel: **LOGO in 100 Beispielen**
In Vorbereitung

Mittelbach: **Simulationen in BASIC**
182 Seiten. DM 23,80

Nievergelt/Ventura: **Die Gestaltung interaktiver Programme**
124 Seiten. DM 23,80

Ottmann/Schrapp/Widmayer: **PASCAL in 100 Beispielen**
258 Seiten. DM 24,80

Otto: **Analysis mit dem Computer**
In Vorbereitung

v. Puttkamer/Rissberger: **Informatik für technische Berufe**
Ein Lehr- und Arbeitsbuch zur programmierbaren Mikroelektronik
284 Seiten. DM 23,80

Weber/Wehrheim: **PASCAL-Programme im Physikunterricht**
In Vorbereitung

Die Reihe wird durch weitere Bände und Disketten fortgesetzt.

B. G. Teubner Stuttgart